U0224785

职业教育中餐烹饪与西餐烹饪专业系列教材

烹饪职业素养与职业指导

（修订版）

茅建民 主编

杨卫武 主审

科学出版社

北京

内 容 简 介

本书围绕餐饮业烹饪职业与职业学校烹饪专业的特点，分别介绍了烹饪职业素质和烹饪职业道德，包括烹饪职业思想、烹饪职业心态、烹饪职业规范、烹饪职业理想等方面的内容；特别介绍了烹饪职业和烹饪专业的核心素养，包括食品安全、营养、卫生等方面的知识；另外，还介绍了烹饪职业礼仪、烹饪职业劳动、烹饪专业学生的就业和创业指导等方面的相关常识。

本书可作为烹饪专业学生职业道德和职业素质课的教材，也可作为烹饪从业工作者的参考读物。

图书在版编目(CIP)数据

烹饪职业素养与职业指导/茅建民主编. —北京：科学出版社，2012.9
（职业教育中餐烹饪与西餐烹饪专业系列教材）
ISBN 978-7-03-035360-3

Ⅰ. ①烹… Ⅱ. ①茅… Ⅲ. ①厨师-职业教育-教材 Ⅳ. ①TS972.36

中国版本图书馆 CIP 数据核字（2012）第 189954 号

责任编辑：任锋娟 / 责任校对：陶丽荣
责任印制：吕春珉 / 封面设计：东方人华平面设计部

科学出版社 出版
北京东黄城根北街 16 号
邮政编码：100717
http://www.sciencep.com
新科印刷有限公司 印刷
科学出版社发行　各地新华书店经销
*
2012 年 9 月第　一　版　开本：787×1092　1/16
2021 年 8 月修　订　版　印张：10 1/2
2022 年 8 月第十三次印刷　字数：245 000

定价：32.00 元

（如有印装质量问题，我社负责调换〈新科〉）
销售部电话 010-62136230　编辑部电话 010-62135763-2015

修订版前言

大力发展职业教育，是推进我国工业化、现代化的迫切需要，是促进社会就业和解决“三农”问题的重要途径，也是完善现代化国民教育体系的必然要求。职业教育要为社会主义现代化建设培养高素质的应用型人才，应当牢固确立“以服务为宗旨，以就业为导向，以能力为本位，走产教研相结合的改革发展之路”的办学指导思想。烹饪职业教育根据这一指导思想，在专业建设上准确定位，把握培养中国餐饮人才的目标，以职业素质教育为突破口，重视学生职业道德和专业素养，使烹饪专业的学生不但练就一身过硬的专业技能功夫，而且专业道德好，专业素养强，深受社会企业的欢迎，在市场的土壤中能立足生根、开花、结果。

中国烹饪能饮誉世界，独占鳌头，绝非偶然，这其中有着中国厨师不可磨灭的贡献。有人说，“吃遍世界，吃不遍中国”，这足以说明中国烹饪的魅力和丰富的内涵。然而，随着社会生产力的发展，人民生活水平的提高，家务劳动的日渐社会化和旅游事业的迅猛发展，餐饮业也欣欣向荣。

一方面，烹饪的发展能够满足人们在生存、发展、享受方面的要求，从而促进食品制造业的发展；另一方面，又促进了无烟工业——旅游业的发展。此外，随着国际经济的日趋一体化，国际交往的频繁和旅游业的发展，使世界范围内的食文化已经开始走出往昔既定轨迹，形成了一个不可阻挡的交流与融合的大趋势。当今欧美国家已开始注意创造食品美味和翻新花样，中国也注重以现代科学武装食品生产。

人们既讲究吃的科学，又强调食的乐趣；既追逐食品多样化，又注重省时省力。未来的饮食观念应是追求饮食享受，讲究科学营养，注重节省时间，崇尚新鲜口味。世界食文化将进入中西合璧、各国食品大融合阶段。恰如美国社会预测家翰·奈斯比特在《2000 年大趋势》中论及“烹调这一不带威胁性的领域”时讲到，“我们正在步入一个物品空前丰盛的国际食品大集市”。

厨师作为餐饮业的主力军，也已为行家所看好，被公认为未来世纪的热门职业之一。未来世纪的厨师将无可争议地跨入高薪阶层，成为令世人艳羡的热门行当，社会也将赋予他新的使命和内涵。

烹饪学校，是为饭店、宾馆输送人才的大本营。饭店餐饮业是国际性的大行业，改革开放以来，我国饭店与餐饮业发展迅速，是我国改革开放最早、市场化程度最高、发展速度最快的行业，也是我国改革开放以后最早与国际接轨，所有权和经营权最早实现分离的行业。饭店行业需要一大批优秀的人才，特别是需要一大批具有烹饪技能的劳动者，这就为烹饪教育提供了广阔的市场，也提出了更新更高的要求。烹饪学校的教育是中国饭店和餐饮市场蓬勃发展的一个缩影。21 世纪是一个竞争和发展创新的世纪，也将是我们伟大祖国发生翻天覆地巨大变革的世纪。谁能创新、谁能发展，谁就能在竞争中永远立于不败之地。

随着政治、经济、文化的大变革，现代饮食文化显示出旺盛的生命力，它与旧的饮食方式产生巨大的碰撞。人们的饮食观念已开始冲破传统的藩篱，孕育出新的价值取向。饮食观念的转变，势必给我国餐饮业、食品工业和食文化带来巨大的连锁反应，形成新的食文化潮流。对厨师而言，新的环境既是难得的机遇，也是新的挑战。

但是，目前的状况是我国的烹饪人才既多又少，即低层次的多，不易找到相应的工作岗位；高层次的少，用人单位很难寻觅到适用人才。这里的高低，不仅是指技术的高低，更主要的是厨师综合素质的高低。新课改已把职业素质的培养作为目标指向之一。那么，烹饪专业教学应关注这一走向，把培养学生的职业素质纳入烹饪专业教学中去。

烹饪专业课应走出“技术至上”的误区，把培养学生的职业素养纳入教学目标，新世纪需要的是具备综合职业技术和职业素养的人才。只有这样，烹饪专业教育方能获得新的活力和生机。

职业技术教育，顾名思义，要传授“技术”，而且是“职业技术”，即与职业有关的技术。“一技行天下”，我们有的教师便把技术训练看成了职业学校教学工作的主要内容，甚至是全部，陷入了唯技术的泥潭，成了技术至上主义者。我们并不否认技术的重要性，诚然，缺少了“技术”的教育称不上是职业教育，没有“技术”的学生也不是职业学校的学生。但是，唯技术主义、技术至上的倾向，却导致烹饪专业教学走进了误区，主要表现在以下两个方面：第一，培养目标狭窄——以技术替代了综合职业能力的培养；第二，教学内容简单——以技能教学替代了专业素养的综合教学。

因此，职业素质是当代烹饪专业教育的目标指向。香港科技大学校长吴家玮曾说：“21世纪的人才应该是在自己的专业领域内，迈向国际前沿，对别人的专业有着较为广泛的理解，在文化素质方面，对文艺、思想、体育等更有广泛的参与。”显然，把职业教育简单地视作为培养“技术劳动者”的观念已不能适应时代发展要求了。21 世纪需要的是具有综合专业技术和职业素质的人才，这也是当代烹饪专业教育的目标指向。在注重培养学生技能的同时，提升学生的文化素质；在培养学生全面素质的同时，重视创新素质的培养；在培养学生综合职业能力的同时，培养学生稳定的心理素质。

在众多素质中，职业道德尤为重要。正所谓“学厨先学德”，作为一名厨师，没有良好的职业道德，技术再高，也不能算是一个合格的厨师。

鉴于此，我们组织有经验的专业老师，并邀请企业专家参与编写了这本教材，填补了烹饪专业教材上的一个空白，将共性的职业道德方面的内容进行专门化的研究，更具有针对性，这是一个大胆的尝试，对新课程的开发和烹饪学生职业化的塑造，有着十分重要的意义。

本书由茅建民主编，上海邦德职业技术学院和上海城市科技职业学校烹饪中高贯通专业的部分老师对本书修订提供了支持和帮助，在此一并致谢。

在编写过程中参阅了许多专著、教材和资料，在此对相关作者深表谢意。由于作者水平有限，书中不足之处在所难免，欢迎在使用过程中及时联系，以便修正。

茅建民

目 录

绪　论

模块一　烹饪、烹饪职业、烹饪职业道德

一、关于烹饪

烹饪是人类学会保存火种并用火熟食的文化创造。用火熟食，是人类从野蛮走向文明的分野，是人与普通动物分界的标志之一。

中国烹饪是中国人为自身的生存、发展所需而进行的独具特色的文化创造。这种文化创造活动，包括物质和精神两个方面。

“烹饪”一词最早出现于《周易》。此书系儒家经典，又称《易经》。《周易》通过八卦形式，推测自然和社会的变化。其“鼎”卦说：“以木巽火，亨（同烹）饪也。”木指燃料，巽指风。此话的意思是：在鼎下的燃料随风起火燃烧，散发火力，使鼎内物料发生变化，使生食变为熟食。

现在的工具书上的解释是“煮熟食物”（《辞源》），“烹调食物”（《辞海》），“做饭做菜”（《现代汉语词典》）。“烹调”是与“烹饪”大体近似的词语，语言工具书释其词义为“烹炒调制”（《词源》），“烹炒调制（菜肴等）”（《现代汉语词典》），“烹制食物也”（台湾《中文大辞典》）。烹饪专业工具书则释为“制作菜肴、食品的技术”（《中国烹饪词典》）。

随着生产和加工食物的方式的变化，烹饪的社会性日益增强，人们对饮食营养保健和审美要求的日益提高，经过几千年的变化，现代的烹饪概念也反映出这种变化，而不再停留在古代的“以木巽火，烹饪也”的阶段了。当今的烹饪概念是：人类为了满足生理和心理需要，把可食原料用适当方法加工成为食用成品的活动，其成品以能提供营养、卫生、美感为基本要求。烹饪水平是人类文明的标志之一。

二、关于烹饪职业

职业是参与社会分工，利用专门的知识和技能，为社会创造物质财富和精神财富，获取合理报酬，作为物质生活来源，并满足精神需求的工作。其含义是：

第一，与人类的需求和职业结构相关，强调社会分工。

第二，与职业的内在属性相关，强调利用专门的知识和技能。

第三，与社会相关，强调创造物质财富和精神财富，获得合理报酬。

第四，与个人生活相关，强调物质生活来源，并设计满足精神生活。

烹饪职业是以烹制菜点为主要工作内容的职业。人们往往将从事烹饪职业的人尊称为厨师。厨师这一职业出现很早，大约在奴隶社会，就已经有了专职厨师。随着社会物质文明程度的不断提高，厨师职业也不断发展，专职厨师队伍不断扩大，根据有关资料统计，21世

纪初，世界厨师队伍已发展到数千万人，中国素以烹饪王国著称于世，厨师力量和人数首屈一指。

现代社会中，多数厨师就职于公开服务的饭馆、饭店等场所。厨师一般需要先在烹饪学校学习并通过考试，以保证具备足够的业务标准和食品安全知识。

据有关资料表明，我国厨师总数已愈千万。这样一个庞大的队伍，在我国产业工人中占了一个相当大的比重。因此，研究探讨厨师职业中的有关问题是十分有意义的。

三、烹饪职业的意义与作用

未来人们更讲究科学和营养，饮食将朝着营养、保健、卫生的方向发展。下个世纪，世界进入老龄化社会，通过食物养生，长寿将是人们广泛的要求；活跃在各工作岗位的职业妇女将更注重个人形象，需要健美食品给予滋润，日益加剧的竞争越来越体现在高科技与智力的竞争，儿童益智食品会大有市场；繁忙的中年人尤其需要饮食的调养，以便有充沛的精力投入“战斗”。

所以厨师不仅是烹饪师，更是营养师，而且应具有很强的机械操作能力。传统的烹饪教育恐怕已难以适应社会需求，高等烹饪教育将变得十分普及。一个单纯懂得烧饭、做菜等简单技能的厨师连现代的厨房用具都难驾驭，更不要提去做既要“适口者珍”，又要“适口者补”的美味佳肴了。

这可以说是传统观念的一次质的飞跃。而且，未来世纪饮食需求的多样化要求厨师将不再局限于本国传统的烹饪技艺，不仅要大胆创新，而且要成为精通异域食尚的多面手。人们将更注重在饮食中增加新内容。了解异域和所处阶层以外的食文化的愿望将与日俱增。各种风味菜肴荟于一馆，南北小吃集于一楼，世界名食聚于一市一街将成为餐饮业新景观。

中国厨师不仅要挖掘、开发民族美食精品并推向世界，而且要善于吸收外来美食精华融入本国的饮食文化中并发扬光大。

未来的世纪给每个人都提供了施展才华的机会。而新的饮食文化潮流对中国来讲，是难得的机遇，也是新的挑战。对本国的厨师，亦是如此。如何继承和发扬本国饮食文化的传统将是一个新的课题，它不仅关系到中国饮食文化兴衰和沿袭，也关系到厨师整个行业的兴旺和发达。

可以说，中国的厨师在纵深挖掘本国烹饪历史的同时，面向世界，吸收外来营养，就一定可以弘扬中国饮食文化，永葆“烹饪王国”的无限魅力和生命力，使“美食国度”永远屹立于世界，造福于人民。从某种意义上讲，厨师的命运与祖国饮食文化的发展息息相关，中国的厨师任重而道远。

四、关于烹饪职业道德

“学厨先学德”，这是每一位厨师应该懂得的，作为一名厨师，没有良好的职业道德，技术再高，也不能算是一个合格的厨师。因为工作之便，常与一些饭店老板打交道，在闲谈之中，老板经常反映有些厨师大手大脚，浪费极为严重，没有一点职业道德。有些厨师技术并不强，时不时还要牛脾气，老板只能烟酒相待，一不顺心，还要给老板脸色看，趁老板不注意就任意挥霍、浪费。一旦被发觉，只好等着被炒鱿鱼。还有一部分，因技术不过关，知道快被炒鱿鱼时，就要大手大脚，反正是不干了。还有一部分自从学技术开始，就没有养成好的节约习惯，一旦当上厨师，旧习难改，一不小心，就有被炒鱿鱼的可能性。也有一部分厨师学会了顺手牵羊，趁老板不注意时拿点好吃的或值钱的，找哥们撮一顿或换两个钱花，特别是近几年“包厨”的流行，更应该值得人们去思考。原班人马都是大厨一人找的，大厨自个说了算，几个都是一伙，更是胆大妄为，做些不道德的事，更不易发现，一旦被发现就只能等炒鱿鱼了。还有一部分“大厨”，老板用个把月，竟呜呼上当，只能再换厨师。所谓的“大厨”就是学了三两月的配菜，竟敢出去当大厨，漫天要价，老板一用竟觉得上当，只好被炒鱿鱼。所以说，一定要学到真正的技术，才能去干大厨，不要扰乱人才市场。类似几类现象在烹饪职业中都存在，虽然是一部分人，但是为整个职业脸上抹黑了。因此，学习烹饪一定先把职业道德学好，再把技术学好。职业道德学不好，时刻就有被炒鱿鱼的可能。我们要坚守职业道德，当一天和尚撞一天钟，但是还要撞好，即使知道明天被炒鱿鱼，今天一定还要把工作做好，并且把明天需要准备的还要准备出来，最后还要给人们留下好的印象。在学习技艺之前，首先把职业道德学好，以技服人，以德服人，无论走到哪里都要留下好的名声。

模块二　烹饪职业教育

中国烹饪有着几千年悠久的历史，中国烹饪文化积淀很深。但是，由于历史的原因，中国烹饪教育起步很晚，至今才有六十多年的历史。六十多年来，中国烹饪教育筚路蓝缕，栉风沐雨，通过先辈的艰苦创业，曾经创建过烹饪职业教育的辉煌，给今天的烹饪职业教育教学留下了一份取之不尽、用之不竭的宝贵财富。

一、中国烹饪职业教育的三个时期

第一时期为初创阶段，从20世纪50年代末到60年代后期。依托于中国悠久的饮食文化，依托于中国传统的烹饪文明，依托于被世人认同的“四大风味”和八大菜系的地域烹饪，各地以烹饪为专业的职业学校相继诞生，它是我国饮食史上将烹饪技艺的传授由店堂转为课堂，由传统的父子相传、以师带徒的学艺方式转为正规教育的首创，开我国职业教育的先河。虽然当时的烹饪教育大多是以技艺培训和技艺教育的形式出现，但在长期的教学实践中，各地的烹饪学校逐步积累了一笔宝贵的财富。首先，挖掘整理了一批烹饪的历史资料，自编了大批的烹饪教材；其次，使一批从业名师完成了从师傅到老师的角色转换；再次，培养了一批有文化、有技艺的烹饪人才，他们至今仍在中国餐饮界发挥着中流砥柱的作用，大多成为餐饮界德高望重的前辈。

第二时期是烹饪教育的复兴阶段，从20世纪60年代后期到1995年，我国职业教育法颁布实施前。在改革开放的春风雨露的滋润下，烹饪教育迎来了展宏图、创大业的时代。烹饪技工教育凸现出了从未有过的活力，烹饪职业教育开创了一条多形式、多层次、多渠道的办学道路，在技工教育与在职培训方面取得了令人瞩目的成就，为改革开放中的中国餐饮业的强盛输送了一批又一批既有文化又有较高技能水平的烹饪人才。春催桃李，满园芸华，烹饪职业教育培养的学子不但足迹遍布全国各大饭店、宾馆，成为中国餐饮界的中坚力量，而且迈出了国门，走向了世界，将中国烹饪文化传播至五湖四海。烹饪学员，犹如璀璨的群星，闪烁在中国餐饮界和国外“料理”业的上空，他们是中国烹饪教育的骄傲。更可喜的是，在这一阶段，烹饪教育的层次有了实质性的提升，烹饪大专和本科的职业教育，相继登陆烹饪职业教育的舞台，不但为中国餐饮业的发展提供了高水平的管理者和高技能的专业人才，同时，还为烹饪职业教育培养了雄厚的师资队伍，使烹饪教育的师资队伍彻底改变了“行业选拔”、理论实践脱节的行业型的职业教育的状况，规范、统一、标准的烹饪教材也应运而生。

第三时期是发展阶段，从中国职业教育法的颁布实施到现在。烹饪职业教育加快了改革的步伐，烹饪教育勃发了旺盛的生机和青春的活力。烹饪教育在面向市场、面向未来，抓住机遇、迎接挑战上做起文章，大力推进专业建设，规范教育管理，扩充学校资源，改善办学条件，提升教育质量。烹饪职业教学走出学校、走进行业、走向企业，走校企合作的办学之路，加强实践实训基地的建设，使烹饪职业教育呈现出了从未有过的生机和活力。烹饪教育的办学层次从技工、中专、大专、高职到本科，社会培训，再到研究生层次，不断得到提升和完善；“双师型”师资队伍更加稳定和提高；烹饪统编教材和校本教材相得益彰；产、学、研有机结合，餐饮业需要的烹饪人才的培养更趋实用，人才的素质和应用能力有了长足的提高。

烹饪教育（特别是中等教育）在起步阶段曾经辉煌一时，为社会培养了众多餐饮人才，随着社会的发展，时代的进步，原有教育模式已经不能适应历史发展的需要，这就必须改革与创新，才能跟上历史发展的脚步。21 世纪是一个竞争和发展创新的世纪，也是我们伟大祖国发生翻天覆地巨大变革的世纪。谁能创新、谁能发展，谁就能在竞争中永远立于不败之地。

烹饪学校是为社会上饭店、宾馆输送人才的大本营。饭店餐饮业是国际性的大行业，改革开放以来，我国饭店与餐饮业发展迅速，2020 年餐饮业法人企业数量为 29918 个，营业额为 6037.26 亿元，是我国改革开放最早、市场化程度最高、发展速度最快的行业，也是我国改革开放以后最早与国际接轨，所有权和经营权最早实现分离的行业。饭店行业要一大批优秀的人才，特别是需要一大批烹饪技能的劳动者，这就对烹饪教育提供了广阔的市场，也提出了更新、更高的要求。烹饪学校的教育是中国饭店和餐饮市场蓬勃发展的一个缩影。

二、烹饪职业教育的一般特征

教育是人类特有的一种有目的地培养人的社会实践活动。作为烹饪教育的特殊性，更具有一般教育意义上基本特征，如果不认清这一基本特征就谈不上烹饪教育的改革与创新。

1）烹饪教育在其形成的现实基础上，具有与人们的教育活动相联系的现实性和实践性特征，它与市场的餐饮活动存在着根本性联系。烹饪教育产生于烹饪实践活动，是适应餐饮市场需要而出现的，烹饪实践构成烹饪教育的现实基础。烹饪教师应该具有极其丰富的实践经验（特别是烹饪工艺操作的老师）。但是应该清醒地认识到，目前烹饪教师的结构不尽合理，大部分是烹饪大专院校毕业生，烹饪中等职校留校生，普通教师半途改行等，缺少一线生产经验。这一现象不能够充分体现烹饪现实性和实践性的特征，必须引起我们足够的重视。

2）烹饪教育在其存在的观念形态上，具有超越日常经验的抽象概况性和理论普遍性的特征。烹饪教育不是单纯的餐饮业生产操作，而是将实践中获得的经验、体会、感想、观念等，经过加工而形成的知识，这种经验是现实的、鲜活的，同时也是宝贵的。但是往往具有个别性、零散性和表面性，很难概括教育过程中的普遍规律和一般本质。烹饪教育固然需要经验，更需要理论指导，更需要提升其内涵。

3）烹饪教育在其存在的社会空间上，具有与社会市场经济条件与背景相联系的社会性和时代性。烹饪教育和其他教育一样，与人们所处的历史时代有联系，又反映这个时代的状况及要求，具有鲜明的时代特征。

4）烹饪教育在其存在的历史维度上，具有面向未来餐饮发展及其实践的前瞻性和预见性。烹饪教育是面向未来的事业，它必须要有超前意识，特别是在当代，人类历史正在加速进步和发展，烹饪教育更具有超前性、未来性和预见性。不是烹饪教育向餐饮市场学习，而是要走在市场的前列，让市场向我们学习。在今天，随着科学技术的迅速进步和知识经济的初露端倪，光凭经验和传统是不行的，烹饪教育要对餐饮市场发展趋势进行科学分析和合理预见。烹饪教育要能预测到明年、5 年后、甚至 10 年后的餐饮市场的走向。

根据以上对烹饪教育的基本特征的分析，基于新的时代、背景和形势，我们必须以新的方法、视角和视野，研究、探讨烹饪教育的新的趋势、情况和问题，提出新的理论、学说、主张和观念，探索烹饪实践的新的体制、模式、内容和方法。归根到底，烹饪教育要创新，要发展，要改革，要前进。

三、过去烹饪职业教育的特点

（一）理论与实践的融入性

在烹饪进入职业教育之前，以师带徒的烹饪技艺传授，仅仅局限于工艺技艺的传授，没有系统的烹饪理论知识，仅有的一些烹饪知识散见于文献中。经过近 50 年的积累，几代人的不懈努力，一整套烹饪职业教育的系统材料已经形成，这是学科建设中罕见的现象，是烹饪教育工作者的一大贡献。由于有了较系统的烹饪材料，使得烹饪教育职业教育迈上了一个新的台阶。理论教学与实践教学结合，理论指导实践，实践反过来又验证理论，使烹饪职业教育的教学规范、系统，超越了原有传统的以师带徒的模式，步入学科建设的正常轨道。

（二）师傅与教师的融入性

在烹饪教育的起始阶段，烹饪教育真正意义上的师资队伍是没有的。所谓的教师就是饭店的师傅，他们大都文化水平低（甚至没有文化）、技能水平高，但他们培养出了一大批有文化、有技能的烹饪人才，特别是在第一阶段培养出了社会餐饮顶级大师。真正意义上的烹饪师资队伍是在第二阶段（即烹饪教育恢复时期）形成的，他们是一批有文化的现代人，又有顶级大师执教，烹饪教育的师资队伍由师傅角色向教师转变，烹饪教育的“双师型”教师队伍形成了。

（三）落后与现代的融入性

烹饪教育前两个阶段的落后是与中国经济的落后、餐饮业的落后密不可分的，主要表现为烹饪教育设备的落后（开始是炮台灶）、教育手段的落后、教育环境和条件的落后，特别是人们教育观念的落后。改革开放后，烹饪教育的现状大有改观，不但条件和环境有所改变，特别是教育理念的转变，使烹饪教育与现代职业教育接轨，融入许多新的教育理念。

四、过去烹饪职业教育的经验

烹饪职业教育虽然起步晚、时间短，但在烹饪教学方面积累了丰富的经验，这些经验对于当今和未来的烹饪教学改革仍然具有重要的借鉴意义。

（一）理论与实践相结合，实践为主的教学

烹饪教学中，理论与实践课程虽然界限较分明，但以实践为主，强调动手能力，一直是烹饪教学中的主线，直到今天仍然有重要意义。

（二）示范与实习相结合，实习为主的教学

烹饪工艺教学中，教师的示范教学与学生的实习教学紧密结合，烹饪教学还总结出了讲、演、练、评、结五大环节，至今仍然具有借鉴作用。

（三）校内教学与社会实习结合，社会实习为主

学生在校上课，然后下店实习，两者结合的烹饪教学模式是培养餐饮人才的最好途径，虽然过去我们对社会实习重视不够，但我们已经认识到社会实习教学的重要性，我们已经充分感觉到社会实习对专业的认识和技能的提高起着举足轻重的作用。

五、过去烹饪职业教育的弊端

烹饪教学经过了前三个阶段的历程，用现代的眼光观察，暴露出了一些显而易见的弊端。

1）理论与实践脱节。烹饪理论的教学与烹饪实践的教学不应该有着十分清晰的界限，对烹饪原料的讲授、工艺的介绍、营养的剖析应该与烹饪的实践紧密相连，而在过去的烹饪教学中，二者的距离较大。

2）脱离应用实际。社会变革太快，餐饮业发展迅猛，我们的烹饪教学缺乏前瞻性，缺乏超前意识。

3）忽视素质教育。烹饪一味地追求技能教学和基本功训练，缺乏综合素质的教导，培养出来的学生不被用人单位看好。

4）忽视方法教育。只授之于鱼，未授之于渔。学生学到的烹饪知识和技能较呆板，缺乏灵活变通和创新应变的能力。

模块三　烹饪职业教育的传承与发展

在烹饪教学的演变发展过程中，烹饪教学的目标、内容、方法等要素，在各个发展时期，既有前期的传承，又有一定背景条件下的发展变化，有成绩也有不足。这就要求我们辩证地认识烹饪教学目标观、内容观、方法观的传承与发展，正确地理解烹饪教学发展观。

一、烹饪教育目标观的传承与发展

烹饪教育教学的目标，从纵向上划分，可以分为总目标、学段目标、学年或学期目标、单元目标、课时目标等层次；从横向上划分，烹饪教育的教学可划分为中点和西点，红案和

白案，炉灶、案板、冷菜、雕刻等各个领域。现代教育价值的转型，使各层次各个领域的烹饪教学目标在传承原有某些价值观的基础上体现新的价值观，从而确定了烹饪教学课程的三维度目标。

1. 现代职业教育的转型

教育的根本价值是促进人的发展，现代教育的基本价值取向是：为了每一个学生的发展。这是素质教育的根本要求，也是新的教育理念，烹饪职业教育也不例外。

2. 教学目标体现新的价值观

现代职业教育要体现新的知识观；体现新的学生观，处理好学生与自我、他人、社会、自然的关系；要体现教学同实践的联系，包括社会实践、生活实践、工作实践。

3. 烹饪教育三维度目标的确定

烹饪教学的课程众多，每一课程在烹饪教学目标上都应体现以上的价值观，因此而呈现为三个维度：综合素质与道德观、学习过程与方法、专业知识与能力。综合素质与道德观是每一门课程都必须体现出来的。

综合素质指政治思想素质，包括信仰和理想、价值观、道德观，也包括身体和心理素质，即适应本专业的身体锻炼和心理素质的培养。

学生的综合素质与道德观要求教师在所有的课程中要“教书育人”，注重熏陶感染、潜移默化，将其渗透于教学过程中。

从烹饪教育的性质和特点出发，烹饪教学的课程目标突出了实践性，将“学习过程与方法”这一维度作为目标的组成部分，很有必要。这一维度目标的确立，就强调了结果与过程的辩证统一关系，体现出提高烹饪能力的主要途径是学习的过程与学习的方法，即烹饪的实践，从而改变了过去重知识的传授、学生被动接受的倾向。

从现代社会餐饮的要求出发，对烹饪教学目标的“专业知识与能力”这一维度也有新的理解。当今已经是信息化时代，信息的多样化和信息的传播的多渠道性是这一时代的显著特点。这样的时代对烹饪人才来说，实践能力和创新能力以及应变能力也就越来越高。因此，专业知识与能力就不仅仅局限于过去所理解的相对狭隘的刀工、勺工等方面，而有了新的含义。

如 2011 年烹饪单招考试复习题中增加了许多教材中无法找到的新知识：芦荟的加工方法、刺猬的加工方法，举出 10 种以上黑色食品等，再比如一些烹饪医疗设备的操作使用等，学生应当从各种不同的传播渠道、运用各种方法获取信息，并在各种信息的相互交叉、渗透和整合中开阔视野，获得现代餐饮所需要的烹饪知识和实践能力。

二、烹饪教学内容观的传承与发展

在过去传统的烹饪教育中，普通文化课与专业课是彼此分离的，专业课中理论课与实践课也是彼此分离的。教师的任务只是按照教材的内容及进度、教学计划和教学大纲的规定机械施教。教师成为各项规范的机械执行者，成为既定教材的简单照搬者。现代教育倡导民主、开放、科学的课程理念，鼓励课本教材的开发，教师和学生也应成为烹饪课程的研制和开发的参与者。教师和学生不只是教学内容的传递者、执行者、接受者，更是烹饪课程的创新者和开发者。在这种情况下，要求我们确立以下烹饪教学内容观。

（一）烹饪专业内容和烹饪教学形式统一观

烹饪专业的内容决定烹饪教学形式，烹饪教学的形式为表达烹饪专业内容服务。

烹饪的专业性很强，专业性体现在实践性、操作性，就不可能按常规的教学形式来体现，如课堂的设置，可能是既能讲评又能操作的场所；如教学的时间，一堂课 40～45 分钟，不一定适宜烹饪的操作等。

（二）文化知识与专业知识的协调发展观

几年来的实践证明：学生对单纯的文化基础知识，感到乏味，没有兴趣，如果将文化知识与专业知识相统一，不但提高了学生的专业素质，而且提高了学生的学习兴趣。例如，在欣赏苏东坡诗的同时，掌握东坡肉一菜的制作。试想语文课上单学苏东坡诗，烹饪课上单学东坡肉是什么效果，不言而喻。烹饪专业文化基础课应开设烹饪语文、烹饪数学（即成本核算）、烹饪英语、甚至烹饪计算机，这种大胆的改革可以进行一些尝试。

（三）专业理论和专业实践相互依存、相互促进观

烹饪专业培养的人才是以学生的实践能力为基础的，在烹饪教学过程中要不断地开拓学生的实践能力，这是烹饪教学的基本规律之一。反映到专业教学上，则表现为专业理论和专业实践的相互依存和相互促进，目标是提高学生的实践能力。

实践离不开理论。实践离开了理论的总结，将又回到从前以师带徒的老路上去了。

理论离不开实践。脱离实践的理论课，不但枯燥乏味，而且起不了任何效果。试想一下，多少年来，让一个外行的老师上烹饪原料知识课，介绍比目鱼、鲳鳊鱼、章鱼、海鳗的品种、特征、上市季节、烹调特点，照本宣科，自己都不一定搞得懂，学生更是雾里看花。营养卫生课上，老师在课堂上讲碱性条件对维生素的影响、蛋白质的凝固作用，学生也是一知半解。

理论与实践的结合是最佳选择。烹饪原料学的介绍应该走进标本室；营养学的介绍应该是在食品营养分析室；工艺学的课程应该是在实训教室中进行，结合具体的菜例；成本核算应该是结合具体的案例；厨房管理应该让学生走进企业，走进厨房。

（四）烹饪课程资源的优选重构观

烹饪教学应该沟通课堂内外、学校内外，充分利用校内外实训基地和企业的课程资源，开展综合性的学习活动，拓展烹饪学习的空间，让学生更好地接触社会，增加他们烹饪实践的机会。要创造烹饪实践的环境，开展多渠道的烹饪学习活动，多方面提高动手能力。要重视师资、教材、教室、实训基地的资源的优选重构。

1. 烹饪师资资源的优选重构

鼓励本校烹饪教师走向企业兼职、挂职，或开办自己的饭店，能在企业兼职、挂职的教师，学校不要眼红，而是要奖励，用各种有效机制激励教师，每隔 2～3 年就要到饭店工作一段时间再返校教学，不到企业去的教师不得再聘用。

优选企业专家、烹饪大师、名师为学校的兼职教师，不仅仅停留在表面和颁发一个证书，要有实实在在的落实，使校内外的烹饪师资产生互动效应，良性循环效应。

2. 烹饪教材资源的优选重构

目前，烹饪专业使用的教材五花八门、种类繁多或雷同，或矛盾，缺少特色和个性，培养出来的学生千篇一律，在此基础上，我们应该重新编制或优选适合各校校情的、富于特色和个性的教材。

3. 烹饪实训基地的优选重构

校内烹饪实训基地，能为烹饪专业学生的实习、训练、培训发挥好的作用。校外烹饪实训基地要有紧密性合作内容，在此基础上应优选重构，确定名副其实的烹饪基地，真正为学生的实习训练服务。

三、烹饪教学方法观的传承与发展

当烹饪教学超越了传授知识技能的观念，教学是在师生交往互动的基础上，教师组织引导学生认识教学内容，从而促使学生身心全面发展的活动的观念逐渐确立起来。人们开始重视教学活动中师生两方面的主观能动性和交往互动性，并确认教学方法的本质取决于双方积极性的协调。烹饪教学方法观的传承与发展，主要表现为教师在教学中建立良好的交往互动关系和优化选择教学方法。

1. 建立良好的交往互动关系

教师自身提高素质、更新观念，正确对待学生、自我和他人。对待学生要尊重、赞赏、帮助、引导，对待自我要反思，对待他人要合作。

2. 教学方法的优化选择

（1）烹饪教学方法优化选择的依据

依据教学规律和教学原则，依据教学目标和任务，依据教学内容，依据教师素质，依据学生特点，考虑适用性，依据时间和环境，选择最适合的教学方法。

（2）烹饪教学方法优化选择的原则

多样性原则（讲授法、观摩法、讨论法、实验法、实践法、谈话法、演示法、发现法、练习法、探究法等）、综合性原则、灵活性原则、创造性原则。

四、树立正确的烹饪教育发展观

烹饪教学的历史虽然只有短短的数十年，但长期以来的积累已经根深蒂固，因此，树立适应发展需要的烹饪教育新理念，才是烹饪教学发展创新的先导。事实上，近两年来，烹饪教学的萎缩和烹饪毕业生在社会上的不适应，究其原因，烹饪教学存在严重问题，而问题的根本所在，就是在更新烹饪教育思想观念的问题上没有突破性的进展，从而制约了烹饪教学的改革进程。在烹饪教学中，更新教育观念具体地表现为树立烹饪课程新理念，其表述如下：

1. 全面提高学生综合素质

我们虽然培养的是烹饪技能人才，但作为人才，不是仅仅掌握某一项技能，而是必须培养综合素质，这是社会企业向我们发出的紧急呼叫信号，不得不引起我们的高度重视。综合素质应该包括六个方面：政治素质、道德素质、文化素质、专业素质、身体素质、心理素质。

2. 正确把握烹饪教学的特点

烹饪是实践性很强的专业，应着重培养学生的烹饪专业实践能力，而培养这种能力的主要途径也应是烹饪实践，不应该刻意追求烹饪知识的系统和完整。因此，应该重视烹饪实践的熏陶感染作用，注重教学内容的价值取向，同时也应尊重学生在学习过程中的独特体验。

3. 积极倡导自主、合作、探究的学习方式

烹饪专业的教学虽然有其独特的个性，但作为职业教育的一个分支，它与整个教育的新理念是融会贯通的，这就是：学生是学习和发展的主体。烹饪课程必须根据学生身心发展和烹饪学习的特点，关注学生的个体差异和不同的学习需要，爱护学生的好奇心、求知欲，充分激发学生的主动意识和进取精神，倡导自主、合作、探究的学习方式。烹饪教学内容的确定、教学方法的选择、评价考核方法的设计，都应有助于这种学习方式的形成。

4. 努力建设开放而有活力的烹饪课程

烹饪教育应植根于现实，面向世界、面向未来。应拓宽烹饪学习和运用的领域，注重跨学科的学习和现代科技手段的运用，使学生能开阔视野，提高学习效率，能获得现代社会餐饮界所需要的烹饪实践能力。烹饪课程应该是开放而富有创新活力的，只要我们解放思想，不断更新，与时俱进，烹饪教育的未来一定是辉煌灿烂的。

模块四　烹饪专业课程中的素质教育

烹饪专业课应走出“技术至上”的误区，要把培养学生的职业素养纳入教学目标，新世纪需要的是具备综合职业技术和职业素养的人才。只有这样，烹饪专业教育方能获得新的活力和生机。

目前，我国的厨师既多又少，即低层次的多，不易找到相应的工作岗位；高层次的少，用人单位很难寻觅到适用人才。这里的高低，不仅是指技术的高低，更主要的是厨师综合素质的高低。新课改已把职业素质的培养作为目标指向之一。那么，烹饪专业教学审时度势应关注这一走向，把培养学生的职业素质纳入烹饪专业教学中去。

一、技术至上——烹饪专业教学的一个误区

职业技术教育，顾名思义，要传授“技术”，而且是“职业技术”，即与职业有关的技术。“一技行天下”，有的教师把技术训练看成了职业学校教学工作的主要内容，甚至是全部，陷入了唯技术的泥潭，成了技术至上主义者。我们并不否认技术的重要性，诚然，缺少了“技术”的教育称不上是职业教育，没有“技术”的学生也不是职业学校的学生。但是，唯技术主义、技术至上的倾向，却导致烹饪专业教学走进了误区，主要表现在以下两个方面：

（一）培养目标狭窄——以技术替代了综合职业能力的培养

烹饪专业的市场很大，但就业面却很窄。学生一旦毕业，从事烹饪工作做了厨师，很容易被特殊的工作环境文化背景及行业惯性所制约，认识世界的视觉也受到影响，久而久之，就形成了思维定势，很难有所创新、有所发展。造成这种局面的因素虽然很多，但是，不能排除我们教育上的偏废，即重技术而忽略了学生综合职业能力的培养。事实上，凡是在就业后有所发展、可塑性强的人，都是那些综合职业能力较高的学生，而那些单纯追求技术而忽视专业基础和文化修养的学生，在以后的工作岗位上，往往并没有多大的发展后劲。

（二）教学内容简单——以技能教学替代了专业素养的综合教学

由于过分强调了技术的重要性，我们将人才培养目标定位于“胜任某种岗位要求”，以致对课程设置、教学内容都不关注，导致了课程设置盲目，教学内容陈旧，学生所学知识落后于时代的现象严重。现代餐饮企业对厨师的要求，已不再简单局于掌握一门技术，而是人格、知识、能力、修养、创新诸方面的综合要求。也就是说，烹饪专业的学生胜任岗位的要求，不仅要学习技术，掌握技能，更要具备一定的专业理论基础、文化素养，以及良好的道德修养。职校偏重学生的职业技术，这种在教学中的反映，是有意识或无意识对其他非专业技能课的排斥，并使学生整天埋头于重复、简单的练习和操作之中，没有自主学习、探究的时间和空间。只注重结果，不注重过程。这种培养烹饪学生的形式还是停留在工匠型的。所以，在今天变幻莫测的餐饮业中，厨师开饭店的少，成功的更少，成为星级饭店总经理的更是屈指可数。

二、职业素质——当代烹饪专业教育的目标指向

香港科技大学校长吴家玮曾说，21世纪的人才应该是“在自己的专业领域内，迈向国际前沿，对别人的专业有着较为广泛理解，在文化素质方面，对文艺、思想、体育等更有广泛的参与。”显然，把职业教育简单地视作为培养“技术劳动者”的观念已不能适应时代发展要求了。21世纪需要的是具有综合专业技术和职业素质的人才，也是当代烹饪专业教育的目标指向。职业素质应包含以下三个方面：

（一）在注重培养学生的技能的同时提升他们的文化素质

现代餐饮企业需要高素质的劳动者，这种高素质不仅体现在掌握职业技能，更体现在具备开阔的文化视野。着重表现在两个方面：一是与烹饪职业相关的文化知识，如古今烹饪史话、地方民俗、厨房管理、食品营养知识、食品卫生知识、食品化学知识、食品微生物知识等。这样，学生就会在工作中显示出较高的文化素质。二是与人生有关的人文知识，人是有思想、有感情、有个性的生命体，除了工作之外，还有生活，而要提升一个人的生活质量，就需具备开阔的人文知识，如历史、艺术、文学、运动等。这种文化修养越丰富，生活品位越高雅，人文情趣越浓郁，而非“工作机器”。

（二）在培养学生全面素质时重视创新素质的培养

第三次全国教育工作会议之后，教育部制定颁布的《关于全面推行素质教育深化中等职业教育教学改革的意见》中，把创新精神、实践能力、就业创业能力的培养作为一个重要内容。因此，创新素质教育突出学生两个方面：一是主体意识，在烹饪教学中充分体现学生的主体地位，唤醒学生的主体意识，使学生学会自我管理、自我反思、自我评价，实现自我超越。其二是批判精神，教会学生要善于思考，敢于探究、质疑，提出自己的观点，不唯书、不盲目推崇烹饪权威。引导学生从原料创新、色彩创新、口味创新、形态创新、烹饪技法创新、器皿创新、菜单创新、食疗创新入手。学生在解决烹饪实际中创新素质得到培养和发展。

（三）在培养学生综合职业能力的同时培养他们稳定的心理素质

改革开放的不断深入和市场经济的发展，来自超越市场对烹饪人才挑战越加明显，同行之间竞争加剧，烹饪行业有极具不稳定性，这些都给他们带来了压力，引发了诸多心理问题，另外，校园并非真空，社会上人们的担忧、焦虑、浮躁，也会对学生产生十分现实的影响。因而培养他们具有稳定的心理素质尤为重要。首先，帮助学生学会提高承受挫折的心理能力，那么走上岗位时，就会具有克服挫折的勇气，勇于创业；其次，帮助学生提高调控情绪的能力。如果具备了善于调控情绪的能力，那么他们走上岗位时，就会在纷繁复杂的社会现象面前保持良好的心境；第三，帮助学生学会悦纳自己，当今社会飞速发展，竞争异常激烈，学生进入社会要适应环境，学会与人交往、与人合作，但多数不适应或不协调，这时会对自己的能力产生怀疑，出现心理焦虑。所以在校期间帮助学生悦纳自己，以坦然的心态面对一切，不欺骗自己，不憎恨自己，把自己看作一个有价值的人，发挥自己的聪明才智。

烹饪专业教育不仅仅是以烹饪技术，而且要培养学生以职业素质为己任，只有这样，烹饪专业教育才能获得新的活力和生机。

主 题 一

烹饪职业道德与规范

古人云："立志，必先立德也。"陶行知亦说："道德是做人的根本。根本一坏，即使你有一些学问和本领，也无甚用处。否则，没有道德的人，学问和本领愈大，为非作恶愈大"。一个合格的职业厨师除具有高超的厨艺和全面的烹饪理论知识之外，还必须具有良好的厨师职业道德。

模块一　烹饪职业道德的基本构成

警世名言

"学厨先学德"这是每一位厨师应该懂得的，作为一名厨师，没有良好的职业道德，技术再高，也不能算是一个合格的厨师。

一、厨师职业道德的概念及内涵

厨师职业道德，就是同人们的职业活动紧密联系的符合职业特点所要求的道德准则、道德情操与道德品质的总和。厨师职业道德不仅是从业人员在职业活动中的行为标准和要求，而且是本行业对社会所承担的道德责任和义务。

厨师职业道德是社会道德在职业生活中的具体化，其主要内容有：遵纪守法、厨艺精湛、爱岗敬业、团结合作、诚实守信、办事公正、服务社会、奉献社会。

想一想

厨师的职业道德还有哪些内容?

厨师职业道德的内涵主要有以下四点：

首先，在内容方面，厨师职业道德总是要鲜明地表达厨师职业义务、职业责任以及职业行为上的道德准则。它不是一般地反映社会道德和阶级道德的要求，而是要反映厨师职业、行业以至产业特殊利益的要求；它不是在一般意义上的社会实践基础上形成的，而是在特定的厨师职业实践的基础上形成的，因而它往往表现为厨师职业特有的道德传统和道德习惯，也表现为从事厨师职业的人们所特有道德心理和道德品质。

其次，在表现形式方面，厨师职业道德往往比较具体、灵活、多样。它总是从本职业交流活动的实际出发，采用制度、守则、公约、承诺、誓言、条例，以及标语口号之类的形式，这些灵活的形式既易于为从业人员所接受和实行，而且易于形成一种职业的道德习惯。

再次，从调节的范围来看，厨师职业道德一方面是用来调节从业人员内部关系，加强职业、行业内部人员的凝聚力；另一方面，它也是用来调节从业人员与其服务对象之间的关系，用来塑造本职业从业人员的形象。

最后，从产生的效果来看，厨师职业道德与职业要求和职业生活相结合，形成比较稳定的职业心理和职业习惯。

二、厨师职业道德内容的构成

烹饪工作者首先必须熟悉和了解厨师职业道德的内容，才便于我们去对照执行。厨师职业道德的内容由以下几个部分构成。

1. 遵纪守法、厨艺精湛

俗话说："没有规矩不成方圆"，现实中的规矩就是法律制度。所谓"国有国法、家有家规"，遵纪守法是一种被人们公认的美德，而遵纪是守法的基础。随着人类社会的不断进步与发展，守法越来越受到人们的重视。我国法律法规也日趋完善，只要留意不难发现我们身边无处不存在法律法规的气息。《中华人民共和国食品卫生法》《中华人民共和国餐饮业食品卫生管理办法》《中华人民共和国营养管理条例》等，现代社会是一个法治社会，作为以食品安全加工、制作营养美味菜点为己任的餐饮行业全体从业人员，更应该学法、懂法、守法。同时，遵纪守法是对公民社会公德、家庭美德、职业道德的基本要求，也是每一个公民的道德底线和立身处世之本。这也符合社会主义荣辱观重要论述中提出的"以遵纪守法为荣、以违法乱纪为耻"的要求。

厨艺是厨师立足的关键。要成为一名优秀的厨师须拥有过硬技艺，不但要有自己最精湛的菜式，还须有精通其他菜式的烹饪技法，更能立足本职，开拓创新。如何才能拥有精湛的厨艺？一是学艺要从零做起。学艺是一个艰苦的、长期的过程。学海无边，厨师学艺要持之以恒、坚持不懈，不要半途而废或停滞不前，从最基本、最基础的做，一步一个脚印，要有一股永不知足的钻劲。特别是现在饮食消费日新月异，顾客消费的多样化，更加要求厨师立足传统，不断创新。二是要有博大胸怀。特别是在厨师成名之后，要以发扬与继承优秀烹饪文化为己任，不能将自身的烹饪技艺视为个人财富，能把技艺毫无保留地传授给后来者。三是中国烹饪源远流长、博大精深，对每一位从厨者来讲都没有止境。不是在大赛上得了金奖，在行业内授予了大师称号就可以高枕无忧，就可以说是登峰造极，必须持之以恒，做到胜不骄、败不馁，方能保持进步。

2. 爱岗敬业、团结合作

爱岗敬业是厨师职业道德的核心和基础。爱岗就是干一行爱一行，安心本职工作；热爱自己的工作岗位，只有热爱烹饪这一行，才可潜心做这一行，只有立足厨师本职，才会在工作中不断获得喜悦，获得成功。一名厨师从学徒起要经历从水杂、解功、配菜、站炉等不同岗位的漫长磨炼，每一岗位的工作都是在做好一名厨师打基础，每一岗位锻炼的过程都必须立足本职，不怕脏、不怕累、不能急于求成，这是培养厨德的根本。敬业是爱岗意识的升华是爱岗情感的表达。敬业通过对职业工作极端负责、对技术的精益求精表现出来，通过乐业、勤业、精业表现出来。乐业，是喜欢自己的工作，能心情愉快，乐观向上地从事自己的职业工作。勤业，要求每个从业人员在工作，应该用一种恭敬认真的态度，勤奋努力，踏踏实实，不偷懒，不怠工。精业，要求对本职工作精益求精，熟练地掌握职业技能，勤奋努力，不断提高，不断地超越现有的成就。业务精，就能有所发明，有所创造。三百六十行，行行出状元，精通业务，就能成就自己的事业。

团结合作意味着团队精神，在烹饪行业表现为亲和同行，尊重前辈。人民饮食质量的提高，在于烹饪水平的提高，烹饪水平的提高，在于烹饪同行的共同努力，厨师之间相互研讨、相互帮助、相互勉励，才可推动整个烹饪行业的共同进步。同时，我们要认识到大部分菜品的原型都是烹饪前辈们创造留下来的，我们的技艺是前辈们经验的积累和传承，所以要尊重前辈，学习前辈，亲和同行。

3. 诚实守信、办事公正

诚实守信是中华民族的优良传统之一，也是厨师职业道德准则的重要内容，更是厨师职业在社会中生存和发展的基石。诚实守信对厨师从业者而言，是“立人之道”,“进德修业之本”。因此要求厨师从业者在职业生活中应该慎待诺言、表里如一、言行一致、遵守职业规范。这表现在职业劳动中，就是从业者诚实劳动，有一份力出一份力，出满勤，干满点，不怠工，不推诿，遵纪守法；表现在职业的业务活动中，就是严格履行合同契约，说到做到，不说谎，不自欺欺人，不弄虚作假，不偷工减料，不以次充好，重合同守信用。厨师职业生活中的虚伪欺诈、言而无信是与厨师职业道德水火不相容的。

办事公正是处理职业内外关系的重要行为准则。厨师从业人员在工作中，首先应自觉遵守规章制度、平等待人、秉公办事、清正廉洁，不允许违章犯纪、维护特权、滥用职权、损人利己、损公济私。首先，按规章制度办事是办事公正的具体体现：如表现在对待服务对象的态度上，不能有亲疏、贵贱之分，不论是领导还是群众、是熟人朋友还是陌生人、是富人还是贫民，都应一视同仁，周到服务。其次，按规章制度办事，还需要兼顾国家、集体、个人三者的利益。因为厨师职业社会职能和作用的发挥，不能不受到各方面职业关系的制约与协同，在这种情况下，应兼顾国家、集体、个人三者的利益，追求社会公正，维护社会公益。

4. 服务社会、奉献社会

服务社会，是满足群众要求，尊重群众利益。它是厨师职业道德要求的最终归宿。任何职业都有其职业的服务对象，作为一项职业之所以存在，就是有该职业的服务对象对这项职业有共同的要求。如求医的病人是要求医生能治好他的病，购物的顾客是要求商人能卖给他所需要和称心的商品，而我们的顾客就是要求我们能提供给他美味可口的佳肴和礼貌周到的服务。满足群众要求实际上就是服务了社会。

奉献社会是厨师职业道德的本质特征。因为每项职业的从业人员对各自职业应尽的职责，又是他们对社会所应尽的义务。同时，奉献社会并不意味着否定个人的正当利益。个人通过职业活动奉献社会，同时通过职业活动获得正当的收入，社会由此得到财富，真正体现了个人与社会的相依性。而只有那些树立了奉献社会的职业理想、在职业劳动中自觉、主动地奉献社会的劳动者，才能真正体会到奉献社会的乐趣，才能最大限度地实现自己的人生价值。

做一做

对照厨师职业道德的内容，写一篇心得体会。

模块二　厨德与厨艺的关系

厨德是一个从厨人员的职业道德，泛指厨师的整个职业素质；厨艺是指从厨人员的技艺和从艺能力，一个好的厨师两者缺一不可。首先，必须弄清两者的关系，才会朝德艺双馨的方向发展。

在现代烹饪职业者的队伍中面临着这样的矛盾，厨德与厨艺的关系问题。有的烹饪职业者厨艺好，认真钻研烹饪技术，制作出的菜品质量也不错，完成本职工作较好，但敬业精神稍差，多做点工作总会讨价还价，不能团结他人；还有的烹饪职业者具有一定的职业道德，敬业精神好，老百姓讲的“人品好”，放哪都放心，但技术水平稍差，菜品质量提高得慢，专业知识掌握得比较少，不能满足顾客的要求，企业经济效益提高的幅度不大。这种现象的发生，根本问题症结就是厨德与厨艺关系的处理不当。

古人云：“德者事业之基，未有基不固而栋宇坚久者；心者修行之根，未有根不植而枝叶荣茂者。”简单地说，高楼大厦建筑要有坚实的地基，大厦才能坚固永久；树无根，树干不植，谈何枝叶茂盛。这句话告诉我们要立志于事业，必须修养品行，砥砺道德，才能成为一个全面的、和谐的、对社会有贡献的人。

“人无德不立，国无德不兴”，道德问题无处不在，随人一生，遍及社会及行业，实在是再重要不过了。

厨德就是烹饪职业人的职业道德，是从事烹饪职业的人，在工作和劳动过程中所遵循的、与其职业活动紧密联系的道德原则和规范的总和。如烹饪职业人的责任是：不用腐烂变质原料，防止食物中毒，按“卫生五四制”要求去工作，生产加工中防止污染；“动物保护法”中规定禁用的动物不能用。他们的义务是：钻研技术，如何制作出色、香、味、形俱佳的菜肴，让客人满意。

厨德涉及三个问题：一是厨德的基本原则；二是厨德的基本规范；三是厨德的修养。

一、烹饪职业道德的基本原则

烹饪职业工作者的职业道德内容有许多，有很多内容必须从工作实践中去认识和体会，不同职位、不同岗位、不同个体也有其不同的特点。但是，烹饪职业道德的基本原则，是有其共同特征的。

厨师的道德规范，它不是具体的行为规范，而是进行职业活动的总指导思想。正确的人生观、道德观、价值观可以指引人生正确的发展方向。

烹饪工作中不敬业、不钻研技术、出工不出力、操作不认真、不爱学习、晚来早走、工作服不洁净、操作台卫生差等现象，这些都是与职业道德相违背的，需要提高人的素质和道德的我们必须加强职业道德教育，培养烹饪工作者的良好习惯，做到三个加强：

一是加强集体主义的原则，就是在职业活动中一切从整体利益出发，一切从他人利益出发，一切从全局的利益出发，强化团队整体形象。

二是加强为人民服务、为人民奉献的原则，全心全意为人民服务既是提高道德境界，也是我们应当确定的道德理想和道德目标。

三是加强主人翁的劳动态度，每个人都是国家的主人，以主人翁的态度对待自己从事的职业。

二、烹饪职业道德的基本规范

烹饪职业道德的基本规范是由烹饪职业的特点决定的，是烹饪职业约定俗成的明文规定，是所有从业人员必须遵循的准则。

规范指约定俗成或明文规定的标准：一是热爱本职，勤奋敬业（基础）；二是刻苦钻研，精益求精（要求）；三是文明礼貌，平等待客（素质）；四是团结互助，以诚待人（品质）；五是忠于职守，认真务实（职责）；六是执行政策，遵守法纪（法纪观念）。

三、烹饪职业道德的修养

烹饪职业道德的修养是指烹饪工作者在职业工作中的修炼和素养，这种修炼和素养是在职业学习和职业工作中逐渐形成的。烹饪职业道德的修养的内容和实质是每一个从业人员必须了解的。

作为一名烹饪工作者应从以下几个方面提高自己的道德修养：

一是立志，树雄心立壮志，干好本职工作，做行业优秀工作者。

二是学习，学习是无止境的，学习对年青烹饪工作者提高职业道德修养和成长是十分重要的。俗话说“有文化才有修养”，知识渊博，人们就愿意和你交流，和你交朋友；要加强与烹饪专业相关知识的学习，如美容、生物学、有机化学、解剖学、中医保健学、营养学、食品安全学等；还要加大对科技知识的学习；另外，我们要多学习他人的先进经验和制作方法。现在国家、省市级的大赛增多，南北菜的交流广泛深入了，我们还封闭在家研究是不行的，应走出去，见见世面，这样会增加我们的专业知识。

三是自省思过，经常对自己在工作中所做的一切进行反省。不能认为自己是这个企业的功臣，企业离不开我，沾沾自喜，高傲自大，应该结合实际，反省自己的言行，除去不好的一面，保留善良的一面，用社会主义职业道德和餐饮业职业道德原则和规范，经常检查反思自己的行为。

总之，厨德、素质、修养不高，厨艺再佳也难以完成工作任务，也很难创作出佳作。所以说厨德是厨师必备的先决条件，烹饪工作者要做到德艺双馨。

模块三　烹饪类学校开设厨师职业道德课的必要性

一、学生的全面发展的需要

烹饪职业学生在职业学习中的任务，不仅仅是专业技术和能力的学习和提升，而是全面发展。全面发展是指人在德、智、体等诸方面的全面的学习和提升，全面发展是社会对每一个从业人员提出的要求，是一个人生存的必备条件，是烹饪职业的发展所决定的。

人的全面发展是指人在德、智、体等诸方面的和谐发展。其中，“德”是人全面发展的灵魂和统帅。伟大的科学家爱因斯坦曾从科学的社会功能的角度强调了在科学教育中必须“作用于心灵”的必要性。他认为科学对于人类事物的影响有两种形式，“作用于心灵”这种影响同改变人类生活工具的作用相比较，至少是同样锐利，仅“用专业知识教育人是不够的，通过专业知识，它可以成为一种有用的机器，但是不能成为一个和谐发展的人。要使学生对价值有所理解并且产生热烈的感情，那是最基本的。他必须获得美和道德的善，具有鲜明的辨别力。”马克思主义也认为：“行动的一切动力，一定要通过他头脑，一定要转变为他的愿望和动机，才能使他行动起来。”德育让人具备高尚的思想道德品质，给人提供全面发展的精神动力。《资治通鉴》中说：“夫聪察强毅之谓才，正直中和之谓德。才者，德之资也；德者，才之帅也。”就是说，才是德的基础，德是才的灵魂，二者密切联系，但德是第一位的。显然，这并不是简单地重德轻才，是在深刻把握修养与知识的内在关系后得出的结论。

二、学校培养合格人才的需要

学校是培养人才的场所，职业学校培养的人才不仅仅是职业技能人才，而是培养的职业合格人才。职业合格人才是指职业全面发展、符合职业要求、能胜任职业岗位的合格人才，其中，职业道德是合格的首要条件。

良好职业道德养成不是无条件的，其中学校教育和社会环境影响起着决定性的作用。烹饪学校是未来厨师职业道德建设的主阵地，对塑造人的灵魂、培养理想信念、保证方向具有不容忽视的作用。但目前，由于主客观方面的原因，很多烹饪学校只注重烹饪技艺的传承、烹饪理论的传授，至今尚未开设厨师职业道德教育课程，而且社会劳动培训机构也是如此，通常是六本教材：烹调技术、原料加工技术、烹饪原料知识、厨房成本核算、饮食营养与卫生、面点制作技术，严重影响了未来厨师职业道德教育的养成。因此烹饪学校及厨师职业培训机构在加强厨艺技能教学的同时，开设厨师职业道德教育课程。

同时，人是社会的人，“在其现实性上，人的本质是一切社会关系的总和”，社会环境是影响厨师职业道德内化、社会化的重要因素。学校职业道德教育应充分发挥一切积极因素的作用，考虑如何与社会影响同步教育，紧密结合社会生活实际和学生的思想认识实际，培养学生道德判断能力，引导学生在复杂的社会道德环境中理性掌握并自觉运用道德原则，坚持做人准则，养成良好的职业道德习惯，努力培养德艺双馨的厨师人才。

三、当前社会餐饮业自律的需要

随着社会经济的发展，餐饮业的竞争愈来愈激烈，在激烈的竞争中，餐饮业从业人员的自我约束、自我修炼就显得特别重要。

中国饮食文化源远流长，千百年来沿用“师带徒”的模式，传承技艺，形成了一定的行业习惯，虽有“吾苦思殚力以食人，一肴上，则吾之心腹肾肠亦与俱上”的良好职业道德的代表厨师王小余（袁枚的家厨）等一些人，但厨师的总体社会地位低下，自从20世纪80年代初我国开创烹饪高等教育以来，厨师的社会地位与日俱增。然而，在目前市场经济条件下，餐饮业又滋生了种种不和谐的现状，主要表现在以下几个方面：

第一，菜系及厨师帮派局限，影响菜点的创新与发展。中国饮食文化经过千百年来的深厚积淀，形成了闻名遐迩的地方八大菜系。但是，当时代节奏快步向前、实现资源共享的时候，中餐的发展却依然固守传统。每个菜系都形成了一批厨师保卫者，每个菜系的厨师都在师承中受到了传统制作的影响，菜系之间产生了隔阂，无法融会，交流甚少，于是当优点和缺点同样明显的时候，菜点就无法提升到一个新的层次。因此，帮派的局限在一定程度上的确阻碍餐饮业的进一步发展。

另一个方面，由于菜系风味不同、包厨制、师徒制及厨师长负责制等因素的影响，厨师之间自然形成帮派，他们在酒店内部三一帮、五个一派，你不服我，我不服你，争来夺去，勾心斗角；或是一个地区的厨师结成帮派，这种帮派可以垄断一个地方的酒店，使外来者无法在当地站住脚。这种现象极不利于厨师之间的团结和技术交流，影响厨师个人的技术提高，从而影响了中国菜点创新与发展。

第二，厨师基础群体频繁流动，影响厨师人才的长期发展。对每一个行业来说，都存在一定的精英，就像金字塔一样，最底层的基础打得越扎实，那么精英的水准就更见出色。对于凭借手艺吃饭的厨师来讲，也是如此，基础的厨师群稳定才能使整个餐饮业得到良性发展，而如今的现实是，几乎每个酒店都存在着厨师流动过快的普遍情况。频繁跳槽几乎成了家常便饭，这一方面可能是市场经济体制下的一种常态，但对于厨师自身来讲，甚至整个行业来说，一定是弊大于利的。底盘不稳，怎能培养持续阶梯式的下一代厨师精英呢？

第三，非法加工野生动植物等，触犯国家法律法规。野生动植物资源是人类的共同财富，保护野生动植物资源是人类文明的象征。但野生植物资源的稀缺性、个别人的猎奇心理以及经济利益的驱动等因素常常让一些缺乏职业道德的厨师心动。他们不顾国家法律法规，偷偷烹制野味，图谋个人私利。甚至还有厨师为了降低成本，不惜采用地沟油、劣质原料、过度投放添加剂，制作对人体有害的食物等。

总之，这些不和谐的现状与厨师的职业道德缺失有直接联系。所以，必须加强厨师职业道德的研究与教育。

模块四　厨师职业道德教育的实施

一、编写贴切厨师行业实际的教材，使学生有本可依

厨师职业道德教育课程教材的编写应采取务实的态度，贴切厨师职业的行业特点来科学编排，切忌大话、空话、套话，将一些深奥的道德规范采用浅显的道理来阐述，使之内化为学生自觉的道德意识。

二、注重培养合格的师资力量，树立榜样的示范作用

《说文解字》对“师”的注释是：“师，教人以道者之称也”，这所说的“道”，主要是指的“道德”，也即说教师的主要职责就是培养学生树立高尚的思想道德品质，至于读书识字等基础知识的学习只是实现培养学生高尚的思想道德品质的途径和手段罢了。韩愈的“道之不存，师之不存”也明确地说明假如老师不向学生传授道德品质，老师还有存在的必要吗？我认为，教育的成果不应该是学生获得了多少书本知识，而是怎样把学生培养成一个个鲜活的“人”，个个鲜活的“好人”，一个个对社会有用的人，一个个进行自我建构自我完善的人。

“身正为师，德高为范”，这是每一个教师必须牢记和遵循的基本原则，因为教师的言行举止，待人接物，立身行事都是学生模仿的榜样，教师的一言一行都对学生起着潜移默化的作用。正如加里宁所说：“教师的世界观，他的品行，他的生活，他对每一现象的态度都这样那样地影响着全体学生，这点往往是觉察不出的。但还不仅如此，可以大胆地说，如果教师很有威信，那么，这个教师的影响就会在某些学生身上深远留下痕迹”。同时，教师严格要求自己，就等于为学生树立了一个榜样，学生在你面前也不敢怠慢。长期坚持，会增强学生对待学习、工作的事业心与责任感，养成良好的道德习惯。因此，要注重培养合格师资力量，树立榜样的示范作用。

三、提高学生的文化素质，培养学生的自我塑造意识

孔子曾经问学生：一个人知道偷东西是犯罪，一个人不知道偷东西是犯罪，谁的罪恶更严重呢？学生毫不犹豫地说：知道偷东西犯罪的人，还去偷东西，罪恶更严重。孔子说：错了，人不知道偷东西是犯罪——罪恶更严重！因为这种人犯了“无知”的罪。

对厨师而言，目前我国培养方式大致可分为三类：一是通过以师带徒或自学的行业技术人才；二是通过培训上岗的技能型厨师；三是专业院校培养教育的学历型本科、大中专生、技校生。前两类厨师人才所占比重较大，所以，从目前从业人员素质看，素质普遍偏低，大专以上、受过专业训练的烹饪专业人才匮乏，所占比例不到1%。多数厨师都未经过正规职业训练，平均学历仅为初中（技校）。面对本行业从业人员的素质整体偏低的现状，国内餐饮界学者经营者就厨师的职业道德与修养、餐饮企业文化与品牌等问题一致认为，厨师不仅要做好菜，而且要有文化修养。中国烹饪大师史正良说：目前，一些民办厨师学校，片面强调动手能力，忽视了职业道德教育。我国的烹饪大师中，达到大专水平的不到10%。因此，由于本行业就业门槛低、整体文化素质不高，不仅对中国菜点的继承、创新、发展不利，而且容易导致厨师职业道德的缺失。

四、采取合适的教学方法，使学生的知、情、意、行达到和谐统一

教学方法是为了完成一定的教学任务，教师和学生共同采用的教与学的行为方式，既包括教师教的方法，也包括学生学的方法，是教法与学法的统一。目前，在教学实践中积累的有效方法，数不胜数，据有人不完全统计达700余种。但常言道“教学有法，教无定法，贵在得法。”厨师职业道德教育应做到理论联系实际，使学生的道德认知、道德情感、道德意志和道德行为相互促进、相互影响，使之达到和谐统一。

总而言之，厨师职业道德习惯的养成需要平时一点一滴的积累与习得，但作为烹饪类学校对厨师职业道德课程的教学切不可放松或视为副科等闲处之，而是要将它放在一个重要恰当的位置，应该把理论与当前餐饮业的厨德实践紧密联系在一起，采用合适的方式方法，来促进学生的厨师职业道德教育。

主题练习

论述题

1．讨论烹饪职业全面发展与专业技能学习的关系。

2．调研餐饮企业厨师自律与餐饮企业发展的必然联系的案例。

3．教师指导学生针对烹饪专业道德的教学分小组评教、评学。

4．你对厨德与厨艺的关系是如何认识的呢？写一篇关于烹饪职业道德、职业素养、职业规范、道德修养等方面的心得体会，小组交流讨论。

主 题 二

烹饪职业素质

人的职业生涯发展，大的方向有两个：一是不断提高专业水准，二是培养专业素养。前者比较容易被大家关注，后者可能不明显，但是对人的要求很高，它无时无刻不在，最能显示出一个人的道德层次和精神境界。丁俊晖打台球，有一场球本来胜局已定，在夺冠之后仍然认真打，最后打出了 147 分的满分。这就是一种职业素养。

从这里可以看出，职业者应该有的特点：冷静、理智、高水平、高标准。冷静理智体现在胜不骄，败不馁，不为一点成绩而沾沾自喜，不为一点失败而气馁。高水平、高水准体现在真正的功夫，超乎寻常的水平。

一般人都把自己的职业只看作是一种谋生的手段，仅仅当作是一项工作而已，很少有人把它作为一项神圣的职业去看待。这就是普通人和职业者的最大区别。

作为一个烹饪从业者，既然选择烹饪作为职业，就要做到敬业和专注。从基本目标来说，是挣一份工资来谋生；从高标准来说，是一种自我价值的实现。一个烹饪职业人，要清楚自己不同于一般的社会闲散人，要从各方面严格要求自己，在自己的本职工作中塑造自我……

职业教育的培养对象是数以亿计的高素质劳动者，而素质包括职业道德素质，科学文化素质，专业技能素质，身体心理素质，综合素质等。良好的素质像一条红线贯穿于一个人的职业生涯，养成于职业教育和职业实践过程中，是一个人未来职业选择和职业生涯能否成功的关键。

【案例】

全国“五一”劳动奖章获得者张永江，是北京东城区环卫局二队维修班班长。这个年轻的环卫工人，参加工作 20 年来，共创造了 21 项技术革新成果，其中 3 项获得国家专利。从一名普通环卫工人成长为发明家，张永江用自己坚实的脚步，在职业生涯的道路上走出了一串闪光的足迹。

为了改变垃圾收运的落后状况，让环卫工人从恶劣的工作条件和繁重的体力劳动中解脱出来，张永江用自己有限的工资买来各种书籍，刻苦学习，逐渐掌握了机械原理、制图、车、钳、焊等技术知识。他边学习，边实践，结合本职工作，开展技术革新和发明创造。他发明的除锈机，结束了工人钻垃圾桶除锈的日子，并提高功效 40 倍。有人出高薪聘他，他说：“我的根扎在我深深热爱的环卫事业上！”张永江以他良好的职业素养，在实践他的职业选择，创造他自己的职业生涯。

作为 21 世纪主人的职业学生，培养良好的职业素养，既有利于提高自身素质，又有利于在职业活动中增加成功的机会。

模块一　烹饪职业素质的特点

古人云：“道义者，身有之则贵且尊。”意思是：道德和正义，人有了就很宝贵，而且最受人尊敬。同样，一个具有高尚职业道德素养的人，也是深受人们尊敬的。

教师“教书育人，为人师表”；医生“救死扶伤，治病救人”；军人“英勇善战，保卫国家”；商人“文明经商，童叟无欺”；财会人员“遵纪守法，勤俭理财”；法官“铁面无私，秉公执法”；国家干部“勤政为民，廉洁奉公”等，人们都会啧啧赞许。

一、理解职业道德规范

职业道德规范是在职业道德核心原则指导下形成的，它是从事职业活动的人们应该遵守的职业行为准则，也是评价职业活动和职业行为善恶的具体标准。各行各业的劳动者只有明确并掌握职业道德规范，才能在职业活动中把职业道德的要求变成职业行为，才能协调好各种关系，解决好各种矛盾，才能出色地完成各项工作任务。

【案例】

“五一”前夕，福建省电力公司将福州电业局送电部的带电班命名为“冯振波班”。一束束鲜花纷纷向这位 20 年来默默无闻地在崇山峻岭中的高压塔杆上辛劳作业的带电线路工簇拥而来。他就是福州电业局送电部带班班长冯振波，今年全国职工职业道德“双十佳标兵”，是来自全国电力系统的唯一代表。

多年来，冯振波攻克一道道技术难关，保障着福州电网纵横 2000 公里输电“大动脉”的安全运行，并以“振波安全系数”创造高压线电班组连续 9320 天的安全生产记录。他在平凡的岗位上，用汗水和奉献精神书写出一个中国当代“金牌带电工人”不平凡的业绩和贡献。

一直以来，冯振波都致力于带电技术的推广应用，从而实现电网的不间断供电。由他组织实施的大型带电作业项目有数十项，从送电线路到变电站，从地电位作业到等电位作业，从杆下指挥到杆上工作都有他忙碌的身影。

有一年夏季，福州电业局 110 千伏东鼎、东洋、北鼎、北泮四回共架的一基铁塔，因福州市区化工河清淤泥施工而严重倾斜，该塔既是 110 千伏双回架空线路耐张塔，又是两条电缆线路的终端塔，影响重大。冯振波通过精心勘察、缜密思考，勇敢地承担了这一艰巨任务。由于情况紧急，冯振波连续三天带领民工顶着烈日吃住在施工现场，进行前期的准备工作，一天只休息几个小时。第四天，他指挥班组同志进行铁塔校正施工。当完成任务时，再看看冯振波，只见他全身的工作服满是白花花的盐晶体；而他脸上和身上的皮肤由于长时间的烈日暴晒已经脱了好几层皮，到处黑一块红一块。当大家劝他赶紧回去休息时，他只是憨厚地笑笑，又和大家一起收拾工具去了。

为提高生产工作效率和带电作业的安全可靠性，冯振波还坚持开展带电工器具的技术革新，为了调试新工具，他经常在百米高空 220 千伏的强电场中一待就是几个小时，从不叫累。带电班在他的带领下，屡创佳绩，获得了福州电业局“文明单位”，省电力公司“一流班组”、“规范化班组”、“青年安全示范岗”、福州市“青年文明号”等称号。

《公民道德建设实施纲要》中明确指出：“要大力倡导以爱岗敬业、诚实守信、办事公道、服务群众、奉献社会为主要内容的职业道德，鼓励人们在工作中做一个好的建设者。可见，职业道德基本规范包括了爱岗敬业，诚实守信，办事公道，服务群众，奉献社会五个方面的基本内容。

想一想

在冯振波身上，我们看到了哪些优良的职业精神？其中蕴含哪些职业道德规范？

爱岗就是热爱自己的工作岗位，热爱自己从事的职业。敬业就是以恭敬、严肃、负责的态度对待工作，一丝不苟，兢兢业业，专心致志。

议一议

为什么要具备爱岗敬业的品质?

1. 爱岗敬业是各行各业生存的根本。激烈的市场竞争离不开每个员工的敬业精神。

2. 也许大家都有很多宏伟的设想，但是要真正实现，就需要不仅仅把职业当作谋生的手段，而且把职业当作乐业的方式，把本岗位视为奉献社会的基点，在对社会做贡献的同时也实现自我价值。

3. 人人敬业，个个爱岗，表现出一种强烈的责任感，形成一种奋发向上的氛围，有利于社会的文明进步。

4. 爱岗敬业是服务社会，贡献力量的重要途径。现在的社会诱惑很多，部分学生受到各方面的影响，贪图享受，缺乏远大理想，缺乏正确的学习态度和良好的学习习惯。歌舞厅、电子游戏、电视、歌星、球星、名模等各种诱惑从四面八方包围着他们。一些学生痴迷于彩票和抽奖，梦想不劳而获得大财。当一部分人抵挡不住诱惑时，就会从爱慕虚荣到盲目攀比，觉得外面的世界很精彩，学生生活很无奈，有的人便开始走四方，有的人认为刻苦学习的学生太不潇洒，殊不知，真正的理想追求会成为其前进的动力、精神的支柱、行动的指南、成功的阶梯。

(一) 诚实守信

诚实守信就是真心诚意，实事求是，不虚假，不欺诈，遵守承诺，讲究信用，注重质量和信誉。

议一议

请同学们谈谈为什么需要诚实守信?

1. 诚实守信是为人处世的基本准则，也是一个单位从事经营活动的基本准则，更是从业者对社会，对人民所承担的义务和职责。

2. 诚实守信是各行各业的生存之道，各行各业之间的竞争归根到底，是信誉和质量的竞争。

3. 诚实守信是维系良好的市场经济秩序必不可少的道德准则。诚实是市场经济的基础，守信是市场经济最直接的道德基础。没有信用，就没有秩序，市场经济就不能健康发展。

曾子是个非常诚实守信的人。有一次，曾子的妻子要去赶集，孩子哭闹着也要去。妻子哄孩子说："你不要去了，我回来杀猪给你吃"。她赶集回来后，看见曾子真要杀猪，连忙上前阻止。曾子说："你欺骗了孩子，孩子就会不信任你"。说着，就把猪杀了。曾子不欺骗孩子，也培养了孩子讲信用的品德。

【自我评价】

在共建和谐社会的今天我们做到爱岗敬业和诚实守信了吗？我达到这些要求了吗？参照表 2-1，自我评价一下。

表 2-1　爱岗敬业和诚实守信的要求

项目		基本要求	更高要求	自我评价
爱岗敬业	乐业	应对工作抱有浓厚的兴趣，倾注满腔的热情	把工作看作一种乐趣，看作是生活中不可缺失的内容，在艰苦奋斗中取得成就时，感到无比的兴奋和快乐	
	勤业	更有忠于职守的责任感，认真负责，心无旁骛，一丝不苟的工作态度，刻苦勤奋	遇到困难不轻言放弃并不懈努力，且有勇于战胜困难的工作精神	
	精业	对本职工作业务纯熟，精益求精，力求使自己技能不断提高，使自己的工作成果尽善尽美	不断有所进步，有所发明，有所创新	

续表

项目		基本要求	更高要求	自我评价
诚实守信	诚信无欺	在生产者和消费者，商品的经营者和购买者的关系中，在市场的交易中，要货真价实，要明码标价，合理定价，要求提供真实的商品信息	反对和杜绝欺骗服务对象的各种职业行为	
	讲究质量	把讲质量放在第一位，以质量求生存，以质量求发展	不以次充好，不生产，不销售假冒伪劣产品	
	信守合同	在签订合同时，诚心诚意，认真负责；履行合同时一丝不苟，不折不扣。如遇到困难或意想不到的情况应想办法克服。一旦出现不能履行合同的情况，应承担责任	不以欺骗等不公平的方式签订合同，不中途违约毁约	

（二）办事公道

公道就是公平，正义。其内涵就是“给人以应得的”，或恰当地对待人和事。办事公道是对每个从业者的基本要求，是为人民服务必不可少的条件，是提高服务质量的最起码的保证。

议一议

谈谈办事公道的重要性或办事不公道带来的不良影响

1. 它有助于社会文明程度的提高，在职业生活中公事公办，不挂“人情风”，社会风气良好，工作、学习和生活环境和谐。
2. 办事不能一视同仁，“走后门”“看人情”就是不公道的表现。
3. “钱权交易者”就是从办事不公道开始，一步步走上犯罪道路的。
4. 办事公道也是市场经济的内在要求，是市场经济良性运行的有效保证。

【案例】

一天，苏东坡乔装成秀才，带一家奴，前去游览江南风景胜地莫干山，见一座道观，便和随从一起进去讨杯茶喝。道观主持道人见他衣着简朴，以为是个落第秀才，冷淡地说：“坐”，回头对道童说了声“茶!”。后来老道见他脱口珠玑，谈吐不凡，料定有些来历，立刻换了一副面孔，说声“请坐”，又叫道童“敬茶”。坐了一会儿，老道借沏茶之机，悄悄地向仆人打听，才知道是大名鼎鼎的苏大学士、杭州刺史老爷到了，马上把苏东坡引至客厅，毕恭敬地说：“请上座”，并回头吩咐道童“敬香茶”。苏东坡心想，出家人尚且如此世故，难怪世上人情淡如水，不觉暗暗发笑。老道人好不容易抓住了这个时机，便请苏东坡留墨题词。苏东坡就把眼前发生的事实经过，写成一副对联：“坐请坐请上座，茶敬茶敬香茶。这副对联，诙谐有趣，把老道以貌取人、十分世故的形态和嘴脸，勾画得惟妙惟肖。老道人见对联自知失礼，满面羞愧。

【想一想】

上面这则故事，说明了什么道理？你有什么想法吗？

（三）服务群众

服务群众就是全心全意为人民服务，一切以人民利益为出发点和归宿。服务群众是为人民服务这一职业道德核心在职业生活中的具体化，是为人民服务的精神在职业生活中最直接的体现。

议一议

在市场经济条件下，做好服务有哪些重要的作用？

1. 服务质量已经成为产品质量的一个重要组成部分。
2. 服务质量是企业生存和发展的内在要求，是社会主义市场经济健康发展的要求。
3. 优质的服务是社会主义精神文明建设的重要内容。

（四）奉献社会

奉献社会就是把自己的知识、才能、智慧等毫无保留且不计报酬地贡献给社会和人民。

议一议

在市场经济条件下，奉献的重要意义是什么？

奉献社会是一种无私忘我的精神，是职业道德的最高境界，是每个从业者的最终目标。

在共建和谐社会的今天我们做到办事公道和奉献社会了吗？我达到要求了吗？填写表2-2。

表2-2　办事公道和奉献社会的基本要求

项目		具体要求	我的优势	我的差距和改进措施
办事公道	客观公正	在办理事情、解决问题时，要客观判断事实，重视证据公正地对待所有当事人，不偏袒某一方，更不能作为某一方的代表去介入		
	照章办事	就是严格按照规章、制度办事，不折不扣，不徇私情。他要求待人公平，以人为本，理解人，尊重人，不以貌取人，不以年龄看人		
奉献社会	家里	在家里帮助父母做力所能及的家务，热心为群众排忧解难，办实事		
	学校	在学校积极参与班级建设，乐于助人，爱惜集体荣誉		
	社会	在社会生活中爱护公共设施，积极参加公益活动		

二、烹饪职业素质的养成

警世名言

在这个世界上，唯有两样东西深深地震撼着我们的心灵：一是我们头上灿烂的星空；一是我们内心崇高的道德法则。

——康德

【想一想】

1. 有同学说，职业道德是工作后才需要的事情，现在不用学习和培养。你觉得对吗？
2. 有同学说，现在我们的主要任务是学习，没有办法培养职业道德。你认为呢？

行业职业道德规范是本行业对从业人员的具体要求和规定，要想把这些要求和规范变成实际行动，不是一朝一夕能做到的，它与在校期间职业道德行为养成训练是密不可分的。

在校学习期间，不仅要学习好文化知识、专业知识，掌握专业技能，还必须培养良好的职业道德素养。只有这样，才能在未来岗位上进步成才，建功立业。

【案例】

钓鱼台国宾馆里有不少座楼，人称贵宾楼，常年负责接待最尊贵的顾客。我们要介绍的，就是在贵宾楼担任厨师工作的屠蕾。

她热爱自己的专业，潜心学习，特别重视专业技能训练，并不断叮嘱自己把学校的职业训练要求化作实际行动。功夫不负有心人，毕业后，她凭着优异的学习成绩，跨进了钓鱼台国宾馆厨房的门槛，从此她的生活有了一个崭新的起点。师傅们技术精湛，人品更好。中餐烹饪是很讲究的，当屠蕾发现自己煮的鸡汤总是不如师傅时，她了解到这还有怎样杀鸡的问题。师傅说：“你要想当一名好的厨师，就必须亲手做每一件事情。看着，我来教你。”说着用一只手抓住鸡的翅膀，小拇指勾住了鸡脚，拇指和食指捏住了鸡的脖子，另一只手拿起了刀，割断了鸡的气管和食管，把鸡倒提起来。看着师傅这干净利落的动作，屠蔷的心里佩服极了。于是她也学着干了起来，一只，两只，五只，十只，就这样越干越快，越干越麻利，终于掌握了一套过硬的禽畜宰杀的基本功。

她的脑子总是离不开工作：如何把菜点做得精益求精？如何开发新的菜种？凡是书上有的，别处发明的，她都要借鉴和研究。工作几十年了，屠蔷参与接待了很多大型代表团的工作，多位国家领导人以及外国元首都品尝过她做的佳肴。她的工作受到了好评，被评为部级优秀共青团员，并加入了中国共产党。

屠蔷的学生时代和我们都是相似的，但她取得的成绩却是令人瞩目的。在羡慕她的同时，想想我们应从哪些方面去培养良好的职业道德。

（一）在日常生活中培养

职业道德最大的特点是自觉性和习惯性，而培养人的职业道德的良好载体是日常生活。因此，每一个同学都要紧紧抓住这个载体，有意识地坚持在日常生活中培养自己的良好习惯，久而久之，习惯就会成为一种自然，即自觉行为。

议 一 议

在日常生活中怎样培养职业道德行为？

1. 从小事做起，严格遵守行为规范。在社会上有社会公德的要求，在学校有中学生日常行为规范。它们告诉同学们该做什么，不该做什么，每个同学要在学习生活中运用行为规范自己。

2. 从自我做起，自觉养成良好习惯。良好的习惯是一个人终身受用的资本，不好的习惯则是人一生的羁绊。每个同学要从我做起，从行为习惯训练抓起，持之以恒，才能养成良好的习惯。

【案例】

王闯是某市 2003 届财会税收班的学生，专业技能扎实，性格开朗活泼，人缘特别好，还是学生干部，多次被评为优秀学生、优秀学生干部。即将毕业的他被一知名外企看中，让他先到该外企一超市当收银员。一天，一个顾客在付款时将选好的一瓶饮料退出，王闯顺手将退回的饮料放在了自己的手边，等顾客高峰过去，付款的人比较少时，口渴的他打开瓶盖，一口气喝个痛快，感觉舒服极了。

下班回家后，电话铃响了，是班主任打来的，让他到学校解释今天上班的事情。王闯想起了那瓶没有付款的饮料，他担心极了。就这样，一瓶饮料让王闯失去了这份满意的工作，还受到了学校处分，他后悔极了。

【案例解析】

也许王闯并不是故意占有一瓶饮料，但在事实面前，如何解释都是无济于事的。在平常的学习和生活中，一些同学不注意细节，对职业规范不甚了解，以后在工作中可能像王闯那样，不经意间犯下错误，丧失发展机会。因此每一个同学在日常生活中需要做到规范衣着打扮，遵守作息时间，言行举止文明，热爱班级荣誉，诚实守信，乐于助人。

（二）在专业学习中训练

专业理论知识与专业技能是形成专业信念和职业道德的前提和基础。一名从业者只有具备了深厚的专业知识，精湛的职业技能，他所拥有的职业道德知识、情感、意志和信念才有用武之地，才能在自己的职业岗位上做出应有的贡献，而知识和技能是靠日复一日的钻研和训练才能取得的。

（1）增强职业意识，遵守职业规范。专业学习是获得专业理论的基本途径，专业实习是了解专业、了解职业及相关职业岗位规范，培养职业意识，养成良好职业习惯的主要途径。中等职业学校的学生要在专业学习和实习中增强职业意识，遵守职业规范，这是未来干好工作、实现人生价值的重要前提。

（2）重视技能训练，提高职业素养。职业技能是每一个从业者能否胜任工作的基本标志。在学习中，每位同学都要重视技能训练，刻苦钻研，培养过硬的专业技能，不断提高自己的职业素养。

【案例】

“Ladies and Gentlemen，welcome to Chengdu!”在成都的机场或景区，常常可以看到一位面带微笑，用一口流利的英文为游客讲解的导游。他就是2006年成都市十佳外语导游之一的冯诺一。1999年9月，刚入学时，冯诺一特别喜欢英语课。通过努力，他很快担任了班上的英语课代表。进入二年级专业课程学习后，他的英语水平稳步上升，2000年，他成为成都市优秀共青团员。2001年5月，他参加成都市职业学校旅游类专业技能大赛，更是以一口流利的英语口语、端庄的仪容仪表，获得了一等奖。三年级毕业后，他又以过硬的英语口语和扎实的基本功，顺利地进入了成都皇冠假日酒店前台实习。

实习结束后，冯诺一凭着一股顽强拼搏的精神，考取了英语导游资格证书，如愿以偿成为一名英文导游，向世界各地的客人传播中国的历史文化。在工作中，冯诺一不断刻苦努力，很快由一名英语导游，晋升为四川省中国青年旅行社莞城分社导游部经理，在4年的带团过程中，冯诺一先后接待了联合国代表团、澳大利亚大使团等欧美国家的代表队，2006年9月，冯诺一光荣地获得了“成都市十佳外语导游”的荣誉称号。

【案例思考】

看了这名同学的奋斗经历后，你对现在的“我”怎样评价？是不是一下有了明确的奋斗目标呢？

（三）在社会实践中体验

丰富的社会实践是指导人们发展和成才的基础，是实现知识统一的主要途径。离开了社会实践，既无法深刻领会职业道德内涵，也无法将职业道德品质和专业技能转化为贡献社会的实际行动。

1）参加社会实践，培养职业情感。每位同学都因在青年志愿者服务活动、参观、社会调查等社会实践活动中有意识地进行体验，进而了解社会，了解职业，了解自我，熟悉职业，体验职业，明确社会对人才的道德素质要求，陶冶职业情感，培养对职业的正义感、热爱感、良心感、荣誉感和幸福感等情感。

2）学做结合，执行统一。在社会实践中，要把学和做结合起来，把学到的职业道德知识、职业道德规范运用于实践中，落实到职业行为中，以正确的职业道德观念指导自己的实践，言行一致，执行统一。

【案例】

李娇是某市2004届酒店管理学生。毕业实习前，老师一遍遍讲实习要求，李娇并没有认真记在心上，而是认为老师太唠叨了。经推荐，她来到一家五星级大酒店。她认为再也没有学校那些条条款款约束自己了，终于自由了。但工作的新鲜感一过，她的老毛病又开始出现了，由于贪睡，她第三天迟到了2分钟，被主管骂了一顿；第四天上班时忘了领结，又被主管骂了一顿；第五天由于心情不好给客人服务时语气生硬，被客人投诉……短短一个月，她自己也不知道为多少小事被批评。到月底发工资时，她发现自己工资单上的数额为-10 元。她还以为财务上出了错，找到主管申诉。主管拿出扣钱的清单：迟到一次扣 10 元，服装不规范一次扣 20 元，客人投诉一次扣 100 元……李娇看到这些账单，泪水不禁流了下来。

【案例思考】

李娇该如何改掉这些毛病？

（四）在自我修养中提高

自我修养是指个人在日常的学习、生活和各种实践中，按照职业道德的基本原则和规范、在职业道德品质方面的自我锻炼、自我改造和自我提高。它是提高人们职业道德品质的内因，其关键在于自我努力，要把职业道德规范的基本原则和规范，直觉转化为个人内心的要求和坚定的信念，逐渐形成良好行为习惯、成为具有高尚道德的人。

1）体验生活，经营进行“内省”。通过职业生活来认识职业，了解职业生活对从业者职业道德的要求，找出自己在职业生活中的行为与职业道德规范的差距。严于解剖自己，客观看待自己，勇于正视自己的不足，改正缺点，扬长避短，在实践中不断完善自己的职业道德品质。

2）学习榜样，努力做到“慎独”。“慎独”是指独自一个人在没有外界监督的情况下，也能自觉遵守道德规范，不做对国家、对社会、对他人不道德的事情。它既是一种道德修养方式，又是一种崇高的道德境界，标志着一个人的职业道德修养已达到高度自觉的程度。

【案例】

杨震是华阴人，他家里很穷，只能靠教书和种菜过日子，但他很有学问，人称“关西孔夫子”。到 50 岁的时候他在关中一带名气越来越大，被大将军推荐为“茂才”（相当于秀才，东汉避讳“秀”字而改之），后来做了荆州刺史，又调任东莱太守。他到东莱上任时路过昌邑，由于天色已晚便住了下来。昌邑县令王密当初步入仕途就是杨震推荐的，这次恩师路过贵地，况且将来说不定还有用得着的地方，自然要去拜见，于是就带上黄金十斤趁着夜色来到驿馆。免不了一番寒暄之后趁机把礼物呈上，杨震马上把脸沉下来对他说：“你的为人我是了解的，你过去可不是这个样子，现在怎么也学会请客送礼了？看来你还是不了解我啊！”王密很快回答说：“恩公的为人我怎么会不知道呢？ 这点东西只不过是为了报答您的知遇之恩，反正是夜里没有人知道，您就收下吧。”杨震面露怒色地说道：“天知，地知，你知，我知，怎么能说没人知道呢？”王密羞得满面通红，只好把黄金拿回去了。

【案例思考】

在公共场合我们可以做得很好。但如果只有你一个人的时候，你是否像杨振那样，仍然能严格要求自己呢？

（五）在职业活动中强化

职业活动是检验一个职业道德品质高低的试金石。在职业实践活动中，应强化职业道德基础知识的理解，强化对职业道德规范的运用的遵守，我们应做到以下两点。

1）将职业道德知识内化为信念。它是我们职业道德行为强大动力和精神支柱。只有这样的职业道德行为才有坚定性和持久性。

2）将职业道德信念外化为行为。在职业活动实践中，始终不渝地遵守职业道德规范，履行自己的职业责任和义务，做言行一致、表里如一的有职业道德的人。

警世名言

一步实际的行动胜过一打空洞的纲领。不要等到明天，不要期盼他人，从现在开始做吧，也许你就比其他人先取得成功。

【案例】

吴捷从南京某职业中学毕业，来到商厦工作后，他就在商厦文体柜台当营业员。在平凡的岗位上，吴捷按照“四有”新人的要求，经过孜孜不倦地学习和钻研，掌握了电脑业务技能，他的事迹先后被江苏省电视台、南京市电话台进行报道。

吴捷刚到商场工作时，被安排到计算机、计算器柜台当营业员，面对大大小小的计算机和各式各样的计算器，吴捷深感自己的专业技术知识的贫乏，吴捷决心苦练内功，攻破不懂计算机技术的难关。从此，他在计算机世界里，苦苦求索，四处拜师，不懂就问，学习和上班成了他生活的主旋律。还购买了计算机原理和修理方面的书籍，孜孜不倦地攻读。他自费订阅的《江苏电子报》《计算机世界》等报刊成了他了解计算机行情和销售信息的“家庭教师”。还利用业余时间考入电大，完成了大专学业提高了文化素质。

吴捷常说，有了能为消费者服务的技术是不够的，还要有一颗热情为大众服务的诚心。因此，他做到心系顾客，服务至上，热情周到，始终如一。他讲究服务艺术。吴捷通过大量的服务实践、注意揣摩不同层次顾客的心理，总结出一套有针对性的服务接待模式，他的做法使顾客非常满意。

吴捷在平时的经营活动中，作为营业主任，掌握了几百万元的进货权，按常人看是很有油水的，但他始终坚持廉洁经营，用一身正气，抵御社会“病毒”的侵蚀。吴捷说：“吃人家的嘴软，拿人家的手短。我不能见钱眼开，见利忘义。”此后，吴捷与全组人员约法三章：一是“三无”产品不进；二是粗制滥造的商品不进；三是人情关系货不进。几年来，吴捷拒收好处费的事就有二十余次，金额达八万元。有人问吴捷：“你不后悔么？”吴捷毫不犹豫地说：“我从没有后悔过。因为我懂得金钱可以买到物质，却买不到我神圣的职业道德，买不去我执着地追求和对顾客一颗真挚的爱心。”

主题练习

1．判断下列行为是否符合中职生日常行为规范，并说出理由。

（1）校园里走来一群参观的老师，同学们一边说“老师好”，一边鼓掌表示热烈欢迎。

（2）一位同学做作业遇到了困难，张晓给他讲解后要赶去开学，就随手把做好的作业借给他抄。

（3）肖彬答应邻居秦老伯星期天帮他打扫卫生，可当同学来约肖彬参加足球比赛时，肖彬兴高采烈地参加了比赛。

2．许多职业学校采用了学生进校佩戴胸卡的措施。校牌上面写着所学专业、班级和姓名。这是一种什么形式的教育和训练？目的是什么？你怎么理解这种做法？

3．你理想的职业对从业人员的职业道德有哪些要求？哪些你达到了？哪些你还没有达到？谈谈你改进的方法。

4．阅读下面材料，谈谈你的感受。

26 岁的他怀着对人生和梦想的渴求，离开老家湖南到香港。但是，由于人生地疏，加之他英文水平有限，又听不懂粤语，又没有任何背景，连连碰壁后，他才在一家公司找到了一份当勤杂工的工作。

那是一份薪水极低的工作，而每天要做的只是扫地、清洗厕所等。这对于带着改变人生的梦想来到香港的他是一个沉重的打击。但如果连这份工作也不做的话，他只有饿肚子。

公司每星期正常工作日只有五天，星期六和星期天一到，其他勤杂工就迫不及待地跑出去逛街游玩、放松，他也非常渴望欣赏一下当地的风景，但考虑到公司周六、周日时常会有人加班，而卫生没有人打扫的话将会一团糟，他便在其他勤杂工出去的时候独自留下来，打扫卫生。虽然这是一份额外的工作，但他依然一丝不苟。半年后的一个星期天，公司老板发现了这个勤劳的勤杂工，很吃惊。在了解到他每个周末都是如此之后。第二天，老板找他谈话，将他提升为办公室的一名员工。此后，他不断被提拔。做了几年公司总经理后，他向老板提出要自己做生意，老板欣然同意，并参股他的公司。

他就是2003年启动了“彭年光明行动”，计划用3～5年时间，捐赠5亿元人民币，为中国贫困地区的白内障患者免费实施白内障复明手术的香港亿万富翁余彭年。

没有人生来就财富加身，责任心却可以从小培养。每个人都渴望转变命运的机遇，其实把握机遇很简单。只需要每一天对自己的工作一丝不苟，而不仅是完成所谓的规定。

读完这个案例，你有何感受？

5．阅读下列材料，运用所学的职业道德知识回答问题。

（1）我国古时的老中医在弟子满师时总要赠送两件礼物，一把雨伞和一盏灯笼。

（2）中国古代民间流传着“涂龙酒店”的故事。故事说的是商人涂龙为人厚道，诚实经营，注重信誉，酒店生意很兴隆。一次涂龙外出，其妻为了多赚些银两，往酒里掺水。涂龙回家后得知此事大哭，其妻不解。涂龙答曰：你毁了我的名誉，也毁了我的家业。

1）这则故事对你有什么启示？

2）这则故事体现的职业道德基本规范是什么？

3）在市场经济体制下读这则故事的现实意义是什么？

（3）上海邮电系统著名的“扑灭死信大王”邵来发，群众称誉他为“捎递幸福的使者”，他救活死信1.9万封，为80多户家庭重新建立起联系，其中有的已经杳无音信40多年。

1）邵来发的工作业绩体现的主要职业道德基本规范是什么？

2）读完这个故事，你受到什么启示？

（4）全国青年法官标兵、人民满意的好法官潘倩奎的信条是：作为法官，办案要无愧于天、无愧于民，让当事人输得明明白白赢得堂堂正正。她在办案中，坚持复查案件听证制度和再审案件公开审理，让申述当事人有充分的机会摆事实，讲道理，示证据，增加透明度。潘倩奎的信条体现的职业道德基本规范是什么？用来表现该条基本规范的材料是什么？

（5）安徽大学生命科技学院植物学教师何家庆怀里揣着一张中华人民共和国地图和一张《国家八七扶贫攻坚计划贫困县名单》从1999年2月12日起，孤身一人启程开始了他的大西南扶贫行动，他走了305天，行程3万多公里。安徽、湖北、湖南、浙江、重庆、四川、贵州、云南等省市的102个地（州）市和县，27个兄弟民族聚集地，207个乡镇，426个村寨，都留下了他令人难忘、令人感动的身影。这一路，他为农民举办技术培训班60余次，直接受训的有2万多人，这一路，耗尽了他16年积累的27 720.8元。安徽大学代校长黄德宽说：“何家庆把对物质的需求降得不能再低了。他始终追求的是把自己所掌握的科技知识转化为农民脱贫致富的工具，只知奉献，没有索取啊！”

何家庆的故事对你有什么启发，谈谈你的看法，写一篇读后感。

模块二 烹饪职业素质的构成

作为烹饪专业的学生，职业素质除思想品德素质外（专章介绍），包括科学文化素质、专业技能素质、心理身体素质等多个方面。

一、科学文化素质

人们从事职业活动，必须有一定的技术、技能，而各种技术、技能的获得，是以一定的科学文化素质为基础的。一定的科学文化素质是求职立业的必要准备，是从事职业活动的需求，是掌握专业技能的基础。科学文化知识越丰富，对技术、技能形成的指导性越强，就能在实践中少走弯路，减少摸索的时间，提高工作的效率。社会发展日新月异，信息时代瞬息万变，为了适应不断变化的新形势对中职毕业生素质的要求，每位同学只有提高科学文化素质，为求职立业做好必要的知识准备，才能适应未来的职业要求。

（一）科学文化知识的作用

1）科学文化可转化为推动社会进步的现实物质力量。在生产力诸要素中，劳动者是最基本的要素，劳动者的素质对生产力水平有着决定意义。

2）现代科学技术的发展，急剧地改变着生产劳动的管理结构，促使生产管理的合理化、科学化和高效率。信息的传输和利用是生产管理的一项基本内容，也是现代科学技术发展的结果，它将使人们征服自然、改造自然的能力极大地提高。

3）社会科学越来越广泛地应用于生产过程。生产过程是一个系统，可用系统工程的方法管理生产，而系统工程本身就是自然科学、技术科学和社会科学结合，而分工、协作比工具、技术更为重要。研究社会分工与协作主要是社会科学的任务。

4）科学技术的发展，极大地改善了社会生活条件。生产结构、地区结构、企业规模结构的变化，强有力地推动着生产发展，改变着社会生活条件。自工业革命以来，科学技术已成为提高社会劳动生产率的杠杆。科学技术的发展，可以形成新的生产力结构，向生产的深度开发，创造社会财富。

5）科学技术的发展可提高市场竞争力。在中国传统的自然经济条件下，小生产者在自给自足状态下，凭借的是经验，无须很高的文化水平，甚至排斥科学技术。市场经济条件下的竞争，说到底是科技文化之争。要做到商品质量好、价格低，就必须提高产品中的科技含量，产品进入市场后，还要依赖管理水平和营销水平，才能在竞争中取胜，这一切都取决于生产者、管理者和营销者的文化素质。

6）教育、科学、文化建设和发展对提高人民的文明素质有着极其重要的意义。作为社会进程，离不开教育、科学、文化的发展和支持。当代世界，现代科学技术正以越来越大的规模和越来越快的速度渗透到经济和社会生活的各个领域，成为社会生产力中最重要的因素。

（二）加强科学文化素养的意义

1）科学文化素质是现代人才的必备素质。文化特指个人的科学文化素质，即个人所拥有和掌握的科学文化知识状况，它包括个人所具有的科学知识、社会科学知识、思维科学知识等。各科知识组成的知识结构，运用各科知识分析问题和解决问题的能力，以及个人在社会实践中对知识和能力的运用。从文化与人的辩证统一关系来看，一方面，人创造着文化，从一种文化中，可以透视到文化创造者的思维方式、价值观念和审美情趣，可以感受到人的本质力量；另一方面，文化也以其特有的内容和形式熏陶、引导、感召着人的思想、情感和行为，对人发生着塑造的作用。“四有”中的“有文化”即指科学文化素质。

2）丰富的科学知识与合理的知识结构及基本的智能是现代人才必备素质之一。提高个人科学文化素质，应该从学习积累各科知识开始，培养发展各种能力，建构合理的知识智能结构，树立科学思想，弘扬科学，努力学习自然科学、社会科学和思维科学等各方面的知识。英国哲学家培根曾说：“求知可以改变人性”“知识能塑造人的性格”。拥有科学文化知识，可以使人思想深刻，具有远见卓识，令人性情开朗、宽容大度、道德高尚。丰富的知识是个人成长的精神食粮，是个人成就事业的基础。

3）发展智力和能力，构建合理的知识智能结构。在科学知识日益增长的今天，良好的科学文化素质不满足于拥有现成的知识，不仅要注重知识的不断更新，注重知识结构的合理优化，而且要注重智力的开发和能力的培养。智力是人们认识客观事物过程中形成的认识方面的稳定心理特征的综合，保证人们有效地进行认识活动，经常通过对事物认识的改变、记忆、想象、思考、判断等表现出来。智力的基本要素包括观察力、注意力、记忆力、想象力、思维力等。能力是保证人能成功地完成某种实际活动有关的稳固心理特征的综合，是在智力发展的基础上，应用知识从事实践活动的本领。能力结构的组成要素主要是：信息表达获取能力、自学能力、分析判断能力、语言表达能力、写作能力、组织协作能力、动手操作能力、社会交往与社会活动能力、创造能力等。实际上，有多少种实践活动，就有多少种能力，而创造能力是能力结构的核心。智力和能力的总称就是智能。智能素质在科学文化素质中占有非常重要的地位。

4）提高自身科学文化素养，树立科学思想，弘扬科学精神。科学文化是一种强大的力量，人们依靠它，可以破除旧思想、旧习惯、旧传统、旧观念，起到改变人们的精神面貌、解放思想的作用。科学是人们对客观世界的理性认识，随着科学技术不断的革新，科学已经累积成为社会文化的主要内容，甚至已经开始成为人类的文化的精髓。科学为人类必须回答的人和宇宙的基本问题提供思路、答案，成为世界观的重要决定因素。在科学成果的物化形式极大地改变人类物质文明的同时，科学精神、科学思想已经渗透到由以前权威、习惯、风俗所统辖的领域，并逐渐取代他们成为人类思想和行动的指南。科学知识和科学思想方法是科学文化观念的基础。在掌握科学技术的同时，掌握科学的基本方法，树立科学思想弘扬科学精神，是加强文化修养的重要内容。特别是迷信、愚昧活动、反科学、伪科学活动时有发生的今天，大力弘扬科学精神尤为重要。科学精神的精髓是实事求是。科学精神严肃认真、求真务实的科学态度和科学方法，提倡一丝不苟、精益求精、不断创新的工作作风。弘扬科学精神不是一句空话或套话，要实实在在地坚持科学态度，采取科学方法，不畏艰难险阻，勇于追求真理，不断进取创新。

(三) 培养科学文化素质的方法

【案例】

宋某，16 岁考入北京某职业高中。两年中，除学校规定的课程外，她还自学了《新概念英语》、《出国人员英语》和《美国现代口语》。在校两年，她连续被评为“三好学生”“优秀学生干部”，学习成绩名列前茅。毕业前，考取了出国培训生。回国后，被聘为北京王府井饭店洗衣部主管。下面是她的几段自述：

5 年前，我不到 16 岁。那一年，我简直就是在泪水中度过的。初中毕业时，我的学习成绩不错，自己想升高中、上大学。但是，家里出于种种考虑不允许，那些天，我吃不好，睡不着，这是关系到我一生前途的大事啊！我哀求、争辩，一切都无济于事。最后，不得已，我只好报考了本校的外事服务专业。我含着眼泪迈出了不情愿的一步。看着许多同学升了重点高中，当时我想：完了！我的前途完了！可是现在看来，我的想法是不对的。一个人的前途，不是由上什么学校决定的，而是看你是否脚踏实地，热爱你的专业，并付出最大努力。

上职业高中时，我生活非常拮据。但条件越苦，我心里越发狠。我想，国家给我们开辟了宽广的道路，只要我自己咬紧牙，就什么也挡不住。我一定要干出个样来！

要想学习好除了要战胜客观上的困难，还要战胜主观上的困难。去学校的路上，冬天每天都要经过一个冰场，看着人家玩得那么高兴，我多想也去玩玩，然而不能，我得发奋读书。于是我对自己说：“等考完试，放假了，再痛痛快快地玩。”谁知学校放假了，冰场也放假了。有一次，老师带我们外出活动时心脏病犯了，我自愿到她家去护理。晚上，他睡了，我就悄悄去念书，直到深夜。就这样，我尝到了“劳其筋骨”的滋味，也品尝到了获得知识的甘甜。

现在，我以优异成绩完成了大专各科的学习。面对已取得的成绩，我仍觉得知识太少、太浅，对现实中很多问题，还显得无能为力。不过我相信，通过刻苦学习和锻炼，定能用我所学造福社会。

在进入知识经济的今天，我们越发认识到“知识就是力量”这句话的重要和深刻，越发感到学习知识的紧迫感。知识经济时代必然要淘汰那些只会出力流汗而知识贫乏的人，而给掌握丰富知识的人提供广阔舞台。因此，要想在新时代站稳脚跟、不被时代所淘汰，别无他路，唯有自强不息，坚韧不拔，奋力遨游在知识的海洋，做知识的主人。因此，必须端正学习态度，养成学习习惯，树立正确的学习理念。

1. 培养良好的学风

对于渴望成才的广大青年来说，学风问题是一个十分重要的问题，它决定着一个人在探索知识的道路上成功与否。学风是指学习的态度和风格，没有良好的学风，任何学习都不可能有好的结果。理论联系实际是我们党倡导的好学风。勤奋、刻苦、扎实、谦逊、创新，每一位希望学有所成的青年都应培养这样的学风。

1）扎实的学风是人才成功的必备条件之一。渊博的知识是扎实的学习中获得的，惊人的创造是在扎实的劳动中产生的，闪光的思想是在扎实的探索中凝聚的。扎实的学风是掌握过硬职业技能的保证。

2）学习需要谦逊。骄傲自大，就会拒绝别人善意的忠告和帮助，就会放松对自己的要求，就会把自己孤立和封闭起来，就会丢弃本应多得一点的知识和本领，就会使自己目光短浅、心胸狭窄，就会丧失本应做出的更多的创造与贡献。

3）学习需要创新。每个人都有创新能力，这种能力，总是以不同的方式显示出来，这是一种创造性、建设性思维和行动的能力。人类每天都在享受着伟大的创新和发明所带来的进步；每天的生活，时时刻刻为人们提供学习和创新的机会。

勇于创新也是一种优良的学风，具有创新精神的人，在学习中不仅能够博采众家之长，而且能够有自己独到的见解，他们靠着创造性地提炼、升华，获得崭新的成果。我们的事业需要锐意改革、勇于创新的人才。

2. 养成良好的学习品德

学习是一项艰苦的劳动。有的青年朋友对此不以为然，他们学习的目的就是混文凭。因此觉得学习没有什么了不起的，只要能够门门功课及格就心满意足了。所以平时抄袭作业，考试时设法作弊。岂不知文凭可以混，真才实学是混不到的。徒有文品而无真才实学又怎么能受到社会的欢迎和重视呢？

学习是一项创造性的劳动。学习不仅仅是习得知识，不单纯是知识的积累，而是包括理解知识、发展认识能力和创造能力的整个过程。知识是花，必须结出创造之果。

一个学习品德优良的学生，一个确立了正确学习目的的人，必定会在学习过程中选择符合学习的规范的方法，诸如勇于探索、提前预习、相互讨论、取长补短、不耻下问、能者为师等。相反者，就很可能投机取巧、抄袭作弊。

不同的人具有不同的学习能力。能力上的差异固然与一个人的生理、心理条件有关，但在一定条件下也取决于学习品德素质，有些人虽然记忆力不强，可他刻苦用功，坚持不懈地锻炼，结果能记忆很多知识。学习能力的强弱与学习态度有密切的关系。想学、肯学、乐学的人学习能力虽弱也能变强；不想学、不肯学、不知学，其学习能力再强也会慢慢变弱。

人在良好的学习品德素质支配之下，就会在学习中表现出旺盛的学习热情和不达目的不罢休的坚持精神，从而不断提高学习效率和水平，相反就会学无目标，干无方向，提高不了学习的效率。

总之，在学习过程中，学习品德既支配学习方法的运用，又关系到学习能力的培养，还影响学习效率的提高，最终制约着学习目标的实现。因此，青年朋友一定要加强学习品德的修养，培养自己良好的学习品德。

当今，社会经济飞速发展，知识更新速度加快，“一次学习，终身受用”的时代已经一去不复返了。我们作为中职学生，求学时间有限，知识、技能等储备相对比较少，面对风云变幻的职业生活，唯有不断学习，才能获得职业生涯的成功。明天的“文盲”不再是没有知识的人，而是那些没有学会如何学习的人。

【案例】

明明是 2002 届计算机网络专业的学生，毕业后他到了一家网络公司，与他同时来的还有两名计算机网络专业的专科生。他们一起从事客户网络维护工作。

明明上班之后，觉得自己的学历和理论功底不如别人，虽然在操作技能上与两位新同事差不多，但综合看来，自己没有任何优势。他常对人说：“要是公司哪天裁员，我将是第一个被裁员的。”

明明为了求得生存与发展，经常利用业务时间帮老员工做事情，在做的过程中，学习老员工的经验。由于他态度诚恳，又舍得付出，老员工都很喜欢他，也常教他一些基本知识与技能。他还去买了八本计算机网络方面的书籍，订阅了《计算机报》，每天利用晚上的时间学习，及时了解计算机行业的发展态势，学习新的技术。在不断学习中，明明的专业实践能力迅速提高，一同来的两位专科生逐渐开始向他请教。

半年过去了，公司的客户越来越多，客户网络维护人员越来越多，公司决定工作小组，明明幸运地当选小组长，一起来的两名专科生成了他的组员。

议一议

明明作为一名中职学生，在诸多劣势下，为何能脱颖而出，成为小组长，其秘密是什么？不可否认，是学习，是不懈的学习帮助他获得了现在的职位，如果他没有学习的意愿，没有努力学习的实践，他能受到这样的重用吗？

3. 树立终身学习意识

我们常听说："一技在手，生活不愁"，是这样吗？拥有一项专业技能对我们的职业生涯至关重要，但"一技在手"却未必能"生活不愁"。因为如果"此技"不够用了怎么办？如果"此技能"过时了又怎办？我们只有树立终身学习意识，不断吸纳新知识、新信息、新工艺、新规范，永远站在行业企业发展的前沿，才能真正做到生活不愁。

4. 掌握学习的途径

也许，我们能给自己找到许多不学习的借口，如时间紧张、精力不足、资料欠缺等，这或许是我们在学习中确实面临的困难，但也可能是由于我们不知道如何学习、不了解学习途径造成的。

（四）提高科技文化素质的途径

1. 在课程中学习

职业学习根据专业的特点，有针对性地设置课程。学校课程一般经过行业企业专家、教育专家及教师、学生代表的充分论证，具有较好的科学性与适用性，能提升我们的综合职业能力和全面素质，促进我们成长为生产、管理与服务第一线的实用型人才。

求学时，我们一定要尽力学好每门课程，做到学有所获，学有所得。当前，学分制逐渐在中等职业学校兴起，这增加了我们选择课程的自主权。我们在制定学习计划的时候，要做好课程选择计划，根据自我的兴趣爱好、职业生涯发展目标，有选择地学习相应的课程。

2. 在与人交流中学习

当我们在与朋友聊天、与老师讨论问题或与他人交往的时候，我们是否意识到这就是学习的机会呢？

在我们与朋友交往的过程中，我们可以学习他人的思想、方法、谈话的方式，可以学习他人成功的经验，汲取他人失败的教训，还可以通过思想的碰撞，产生新的思想火花。

与人交流是轻松而有效的学习方式。下次与人交流的时候，别忘了做一个有心人。

3. 在课外阅读中学习

课外阅读是我们休闲的重要方式，也是开阔眼界的重要机会。课外阅读建立在自觉的基础上，读的是自己感兴趣的书籍，往往具有高效率的特点。

在课外阅读中学习要做到三点：一是选择好的读物，好的读物不但让我们感受到阅读的愉悦，还能让我们收获思想；二是读与思结合，要边阅读，边思考，边记录，随时记下自己点滴的思维火花；三是读后交流，如果我们读到一本好书，赶快与自己的父母、老师或者是好朋友交流在交流的过程中，也许会增加我们的收获。

4. 在网络畅想中学习

网络的普及为我们提供了一个绝好的休闲、娱乐与学习平台。网络为我们提供了丰富的信息、优美的文章，还为了我们提供了 QQ、BBS 等与人交流的工具。目前，我们中的少数同学沉溺于网络不能自拔，甚至因为网络而走上歧途。其实，网络只是一个工具，只要我们理性地运用，它就会成为我们学习的好途径、好帮手。

通过网络学习的时候要注意：克制自己，不能迷恋网络，导致疏忽学习，脱离现实生活；学会选择有用信息，网络信息良莠不齐，需要我们提高鉴别力，自觉抵制负面信息的影响；寻找益友，通过QQ或BBS交友的时候要慎重，要与有思想的人交流，要讨论有价值的话题。

网络仅是一个平台，能帮助我们成长取决于我们如何利用。如果我们想成就自我的职业生涯，就努力扬其长、避其短。

5. *在实践体验中学习*

中职学生在职业学校，有着众多实践的机会，包括校内实践、社会调查、行业调查、企业见习、企业参观、顶岗锻炼、结合实习等，我们的优势体现在较强的专业实践能力上，这要求我们在实践体验中把学习放在重要位置。当我们离开学校、走上工作岗位的时候，也需要工作实践中积累经验，研究与解决问题，通过工作和实践不断提升自我的素质与适应能力，推动自我职业生涯的发展。

6. *在自我反思中学习*

每项任务完成的时候，每天结束的时候，我们是否静下心来，想想自己的收获呢？如果我们在学习与生活中，能坚持不断反思自己，调整自己，则必有助于我们成长。在众多的学习途径中，千万别忘了自我反思这一条。因它容易做到，也最见成效。学会学习是学会做事的重要组成部分，其核心是要有学习的意思，要善于捕捉学习的机会，要充分利用每一条学习的途径。只要我们想学、愿学，我们就一定能成为学习的高手，为学会做事奠定基础。

二、专业技能素质

中职学生，从进校之日起，就基本上确立了自己未来的职业部门和种类，这是由职业技术教育的性质决定的，职业技术教育是职前教育，直接为社会培养人才。因此，每个同学都应当热爱自己所学的专业，逐步培养自己热爱本职、立足本职的高尚情感。这是因为现在的学习阶段是将来走上职业岗位的准备阶段，学习的直接目的就是为将来的职业生活打好基础、积蓄力量。只有热爱自己所学专业，勤奋学习，刻苦钻研，打下扎实的文化，专业知识基础，掌握从事本专业所应当具备的基本技能，牢固树立社会主义现代化建设为基础的职业思想，才能在未来的职业生涯中创造出不平凡的业绩来。

（一）提高职业技能素养的重要意义

1）职业技能是一个从业者最基本的职业素养。职业技能标志着一个从业者的能力因素能否胜任工作的基本条件。它包括专业技术能力和专业知识两方面。专业技术能力是从事职业活动所必需的知识和技能，以及运用已经掌握的知识和技能解决生产实际问题的能力。专业知识是指从事某一专业工作所必需具备的知识，一般具有较为系统的内容体系和知识范围。掌握专业知识是培养专业技能的基础。

技能包括智力技能和操作技能。智力技能是在大脑内部借助于内部语言，对失误的映像进行加工改造而形成的，它以抽象思维为主要特征，如阅读、心算、解题、作文等方面的技能。操作技能，又叫动作技能，指书写、打字、演奏乐器、食用生产工具等，主要是借助骨骼、肌肉运动实现的一系列外部动作。当这些动作以合理的方式组织起来，并近于自动化时，就成为动作技能。它是由一系列外部动作构成的，经过反复训练形成和巩固起来的一种合乎法则的随意行动方式。操作技能（机动技能）是专业技能的有机组成部分，也是形成综合能力的基础，操作技能需要进行系统训练，才能达到一定的熟练程度，形成初步的技术经验。掌握操作技能要经过对动作的认识、联系、达到协调完善三个阶段，要通过认识动作样板，了解动作程序，掌握动作的关键，从而理解整个动作，进而反复练习，使之有机联系，互相协调，最后形成连锁反应，接近自动化动作，达到准确性、协调性、速度和技巧利用的统一。动作技能与智力技能统一存在于人的实践活动中，两者既有区别又有联系，并相互转化。

2）掌握专业技术技能是职业学校学生的基本任务和基本素质。对职业学校学生来说，如果动手能力不强，只掌握专业理论知识，就等于纸上谈兵，是不能胜任实践工作岗位的。随着市场经济的发展，竞争的进一步激烈，只有理论知识而无实际动手能力的人将被淘汰。

掌握技术技能，也是开发智力、培养能力、在本岗上做贡献的需要。俗话说："心灵手巧"，然而，大量事实证明，手巧也可使心灵。专业技能的形成不仅是领会、巩固和应用知识的重要条件，而且对于学生智能的发展，特别是职业活动中所需的独立工作能力和创造力的发展，具有极大的促进作用。技术技能在一定程度上决定了就业者在岗位上做出贡献的程度。因此，要使自己能在职业活动中为社会做出更大的贡献，就必须掌握一定的技术技能。

3）在某种意义上说，一个国家劳动者技能水平代表着这个国家的技术实力和生产力水平。劳动者的职业技能作为劳动者的技术素质，是劳动者整体素质中的主要构成部分，劳动者职业技能高低直接决定着产品质量的好坏，并影响着劳动生产率的水平。提高劳动者职业技能，直接关系着生产力水平和经济效益的提高。

伴随着世界科技革命的发展，21 世纪的职业主体是技术性工作，对劳动者素质的要求会越来越高。为迎接 21 世纪的挑战，劳动者只有不断提高自己的职业技能，才能适应未来的社会需要。在我国，虽然劳动力资源丰富，但由于教育和培训条件的不充分，导致生产一线技术工人整体素质较低。在经济发达地区，"技工荒"日益突出，已严重影响了生产力水平。因此，我们每一个劳动者都应意识到我国提高职业技能的重要性和紧迫性，从我做起，从现在做起，努力提高自身的科学文化水平与专业技术素质，为我国的经济腾飞做必要的知识储备。

（二）提高职业技能素养的方向

1）理论联系实际，积极参加实习和社会实践活动。中职学校学生具备一定的专业技能素质是由培养目标决定的。要掌握专业技术技能，一方面应该认真学习专业技术理论知识，做到"应知"。同时，必须加强专业技术技能训练，做到"应会"。手脑并用，合二为一，把学到的专业技术理论转化为技能技巧。关键在于理论联系实际，积极参加实习、实验和社会实践。多动手、勤操作。不放过任何一次动手机会，将技术理念变成自己的实际动手能力，在实践中锻炼自己，不断提高自己的专业技能，进一步培养生产和工作能力。

2）勤学苦练，精益求精，向一专多能发展。掌握高超的技术、过硬的本领，必须要谦虚好学。刻苦钻研的精神，必须通过艰苦的劳动，勤学苦练，掌握本专业技能，精益求精努力向一专多能型发展。能否做到这一点，是衡量一个人事业心强弱的重要尺度，也是衡量一个人职业素质高低的重要标志。

读一读

职业教育为什么要加强技能型人才培养

技能型人才是人才队伍的重要组成部分，我国要走新型工业化道路，成为“世界制造业中心”。没有一支高素质的制造业和现代服务队伍是不可能的。培养与培训技能型人才是职业教育的根本使命，是当前职业教育面临的紧迫任务。职业教育必须面向市场办学，坚持以就业为导向，以提高能力为本位，实行产教结合和校企合作，注重并加强对学生职业技能的培养，造就生产、服务和管理一线的高素质劳动者和技能型人才。

目前，在很多人眼里，拿学历似乎成为了唯一有用的事情，尤其是我国逐步打开国门之后，学历成了出国的敲门砖。拿学历，做白领，几乎成了大部分人追求的目标。实际上，现代社会发展的道路绝不只是追求的目标。实际上，现代社会发展的道路绝不止追求学历一条路，重要的是你究竟适合哪一种方式。

从教育体系看，我国已建立了普通教育和职业教育两个体系，为不同类型人才的成长奠定了充分基础。因势利导，人人都可以成才，这是科学社会的培养观。从社会角度看，科学社会的人才结构是梯形结构，搞科研、搞开发的人毕竟是少数，而且越发向上需要的人越少，竞争就越激烈。但搞科研转化、直接创造物质财富的人则是多数。因此，对大多数人来说，更多的劳动岗位是基层，否则，社会无法正常运转，生产生活用品无从产生。

目前，大学生到技校“回炉”的报道屡见不鲜。2000年，某大学一名本科毕业生怀揣着学士学位证书到处求职时，发现自己即使能找到岗位，却远不能适应岗位提出的要求，因此，他依然选择了技校“回炉”，学习技能。“以能力求生、求发展”日益得到社会的认可，市场就像巨大的杠杆，正在撬动人们根深蒂固的传统观念。打破“学历”与“白领”的思维定势，培养适应社会需求的、既有理论知识又有实践能力的高级蓝领工人，这是社会的进步，也是现实的要求。

我国工业的产业结构调整、技术升级已进入新的阶段，在学习高科技、应用高科技的大趋势下，淘汰落后的生产方式已是必然。设备的改造，劳动率的提高，势必使企业的集约化程度提高，使岗位要求发生变化。因此，无论从数量上、质量上，还是培养方向上，面向各类企业，培养知识复合程度更高的技能型人才，已是当务之急。即使引进最新技术装备起来的机器和工厂设备，但不可能引进大批技术工人。要改变技术工人匮乏的现状，必须在加大推行劳动准入制度力度的同时，大力提倡对技术的崇尚，大力发展以技能人才培养为目标的职业教育和职业培训。

在近年的大中专人才招聘大会上，很多用人单位打出了“不看学历看能力”的用人标准。一位企业负责人认为：“什么文凭不要紧，关键是要能够胜任岗位的要求。一句话，适用即人才。”作为企业，要给技术工人经常提供培训机会，要通过“技术比武”等形式，给技术工人以“拔尖”的机会，要把培训当成“福利待遇”，不断“分配”给每一位员工，完善“技能—使用—待遇”统一的政策，为技术工人不断提高技术和理论水平提高保障。同时，要在管理人才的选拔上，制定岗位能力考察标准，不能仅以文凭论人才，要“量才器使”，让有知识、会实践的有能力的人发挥能力，形成“人尽其才”的科学用人制度。现代企业的用人管理，看的是你的能力、你的贡献。那些既能动脑、又能动手，熟练掌握技能，具有较高知识层次、较强创新能力的新型技能人才，将有极大的发展空间。

社会在变化，用人机制在变化，人们的观念也在变化。这既为职业技术教育发展创造了机遇，也向职业教育提出了反思要求。

（三）提升专业技能素养的方法

我们知道，学会做事的重点在于掌握做事的本领。面对一项任务，如果我们能顺利地完成，那就说明我们具备做事的本领；如果我们能高效率地完成，则说明我们具备较好的做事本事。在竞争异常激烈、时间就是效益的今天，需要我们练就较强的做事本领，即提升专业技能素质。

【案例】

一所职业高中营销专业的学生小斌和小伟，在三年级下半学期时，他俩来到同一家超市实习。小斌长得英俊潇洒、做事踏实；小伟做事机灵，有时还要要一点小聪明。小伟工作不久就得到总经理的赏识，一再被提拔，从领班到部门副经理，小斌好像被人遗忘了一样，一直在基层。

有一天，小斌实在忍无可忍，向总经理提出辞职，并大胆指出总经理太没眼光，总偏爱那些热衷于吹牛皮拍马屁的人，而踏实工作的人却得不到提拔。总经理一言不发地听小斌讲完。他知道小斌很能吃苦，但他身上缺少一些东西，如果对他直说肯定不服，于是总经理想出一个办法。他说："好吧，也许我的确看错人了，不过，我想证实一下。你现在到菜市场上去看，看看市场上有什么卖的？"小斌很快从菜市场上回来了，说市场上卖的东西和超市一样，没什么特别的。"那价格怎么样呢？"总经理问。小斌立刻返回去，过了一会儿回来说，农民卖的蔬菜价格比超市便宜，质量差不多。"净菜呢？"总经理又问，小斌又要跑回去，却被总经理一把拉住了："小斌，请休息一会儿吧。让小伟去吧。"他派人把小伟叫来，说："小伟，你马上去集市上去，看看今天有什么卖的。"不一会儿，小伟回来了，他向总经理汇报说："菜市场上的蔬菜多是本地蔬菜，价格便宜，质量比超市的好，但外地地大棚菜比超市贵很多，而且只有一家在卖。"他还带回了一些样品让总经理过目，并记下了那些菜农的联系方式。如果可以的话，明天直接把这些样品菜送到超市。小斌在一旁一直看着，他的脸渐渐的红了，并请求总经理把辞职报告还给他，现在他终于知道自己和小伟之间的差距了。

【案例解析】

小斌与小伟在做事方面的差距在哪里？我们在做事的时候是像小斌多一些，还是像小伟多一些？

小斌和小伟最大的距离在于一个积极动脑筋，注重提高办事效率；一个是按要求踏踏实实办事。现实生活中，不管我们从事什么样的工作，都要根据具体的情况与工作任务来灵活处理。试想，如果我们自己是一个部门经理，我们的员工仅完全听命于我们，什么事情都要我们安排，我们会有好感吗？

做事是一项综合性的活动，需要知识、能力等的全面运用，要受多种因素的影响，我们作为职业学校学生，学会做事，是我们赢得生存与发展的必然要求。那么我们具体从哪些方面入手呢？

通过与许多企业人事部门的交流，我们发现：作为职业学生，最重要的是形成扎实的专业实践能力、良好的交往能力、合作能力与学习能力，我们职业学生的特长是善于动手，即具备良好的专业实践能力。不管是在服务岗位、管理岗位，还是在生产岗位，我们要脱颖而出，都需要完善自我的专业实践能力。

专业能力主要分三个层次：第一个层次是，只有专业技能，没有专业理论基础，只会做不会理；第二个层次是，既有一定的专业知识，又有较强的动手能力，技能运用所学的知识，解决实际工作中的问题，并将专业理论知识转化为新的生产力；第三个层次是，能进行科学研究、产品开发和创新，是属于高级专业能力。作为中职生重点是培养第二个层次的专业能力，即专业实践能力。

1. 反复练习

如果我们小时候学过游泳，那一定知道：只是站在岸边听爸爸或教练讲解游泳的技巧，手怎么运动，脚怎么运动，呼吸怎么进行，并在岸上模拟游泳的动作，就是不下水去实践，那我们无论如何难以真正在水中游起来。这是为什么？是因为我们缺乏实际的练习。

专业实践能力的形成紧靠牢记要点或者是操作要领是不行的，必须进行反复的练习。反复练习时有两个重要技巧：

1）长期坚持。“三天不练手生”，形象地描述了专业实践的特点。试想想，学习五笔录入的时候长时间不练习我们就可能会忘记字根口诀，手指头也显得生疏；学习点钞的时候，长时间不练习，点钞的速度自然会下降。在培养专业实践能力的过程中，我们一定要有“滴水穿石”的精神，每天用上 1 小时或 0.5 小时进行练习。千万别一曝十寒，想起来十个八个小时地练，想不起来时，十天半个月不练，这样是难以达到应有效果的。

2）从易到难。培养专业实践能力，特别是进行专业技能训练的时候，我们可以将复杂的操作简单化，先练基本功，再进行综合练习。如此，既有助于我们提高“学会”的信心，也有助于我们高效率地掌握专业技能，形成专业实践能力。例如，我们在学习烹饪雕刻的时候，可先练习刀法，再练习简单作品的雕刻，再联系复杂作品的雕刻，最后练习雕刻创造。当然，在分步从易到难的练习过程中，可以穿插综合联系，以达到练习新内容，巩固旧内容的目的。

反复练习是形成扎实的专业实践能力的重要途径，任何时候都别忘了：“熟能生巧，巧能生精。”

2. 参与实践

在实践中锻炼是形成良好专业实践能力的重要渠道，从幼儿园到小学、初中，我们主要在学习文化基础课程，学习的主要场所集中于教室。当我们来到职业学校之后。我们的目光逐渐转向未来的职业岗位，我们的学习场所也会随之拓展。未来的职业岗位，我们的学习场所也会随之拓展。

【案例】

2002 年某糖酒交易会期间，饭店服务专业的小文来到成都大酒店客房部见习。由于客源丰富，酒店人力资源有限，小文被当作正式员工一样使用，每天负责 18～20 间客房的服务，而且服务标准比平时要求高。初出校园的小文刚开始一点都不适应，一方面因为工作的任务很重，另一方面因为专业实践能力的欠缺，铺床、清洁、摆放用具等的速度都相对较慢，还会出现失误，不得不接受客人的批评。小文咬牙坚持着，始终没有放弃，在稍有闲暇的时候，主动向老员工请教，并实地练习专业技能。日子一天天过去，小文也感觉越来越轻松，还多次得到客人和领导的表扬。

后来因为餐饮部、宴会部人员紧张，小文又被调去顶岗，几月转眼就过去了，小文的见习期到了，糖酒交易会也结束了。重新回到学校的小文，专业实践能力从原来的中等水平，一跃而成为班上的尖子。在成都市职业学校旅游专业技能大赛中，她毫无争议地成为本校团体队员，并一举夺得单项与团体双项冠军。

【案例解析】

小文在繁忙的糖酒交易会期间获得了难得的锻炼机会，其专业实践能力突飞猛进，这充分说明了积极参与实践，是提升我们专业实践能力的重要途径。假如我们也拥有小文一样的实践机会，我们会抓住、能抓住吗？

作为中等职业学校学生的我们，可能拥有哪些专业实践机会呢？

1）校内专业实践。校内专业实践主要在实训室进行。目前，我们就读的职业学校，为了增加我们的专业实践能力，配合课程实施进程，大多课时安排了实作课。一般来讲，实作课有老师直接指导，能够帮助我们获得感性认识，熟悉操作流程，形成规范的动作，是高效的专业实践能力培养方式。

2）行业企业调查与见习。我们在学习过程中，行业企业调查与见习机会包括两类：一类是学校布置的行业企业调查与见习活动，大多由学校根据教学内容与教学进程安排，往往有明确的目的与要求；一类是我们自己利用节假日或周末，自主与行业企业联系，开展相应的调查与见习。这两类行业企业调查与见习都是我们提升自我实践能力的重要契机，需要好好把握，我们最好做到：每次行业企业调查与见习过程中，要做有心人，最好随时带上纸和笔，有新发现、新收获、新困惑和新感觉时，都要随时记录下来，这样有助于提高我们调查与见习的效果。参与企业调查与见习后要及时进行反思，总结经验，吸取教训，找出差距，调整自我的学习计划，甚至是职业生涯设计方案。

只有做调查与见习的有心人，才能在调查与见习上有收获。一般而言，临近毕业的一学期，我们都将在实际工作岗位上度过。这是我们实现从学生向员工转变的过渡时期。综合实习期内，我们既全面接受单位的领导与管理，又将接受学校老师的管理与指导。综合实习有利于我们全面深入地了解单位的状况，了解职业岗位对人才素质的要求；检验自己的职业兴趣，检验自己的综合职业能力，检验自己与职业岗位的适应性。此时的我们，既要按照单位对员工的要求严格要求自己，又要主动学习，把自己当作学生，一方面多向学校老师请教，另一方面多向老员工请教，如果单位为我们安排了师傅，我们更要向师傅学习，以全面提升自己的能力与素质。

经常练习，并有计划、有目的地参与实践，我们一定会练就过硬的专业实践能力，为我们能做事奠定坚实的基础，为我们取得职业生涯的成果奠定坚实的基础。

三、身体心理素质

【案例】

某职业学校 1997 年入学的学生即将毕业时，正值天津第一家超市家世界东丽店家居招收员工，通过面试有二十几名同学被录用，投入了家居的后期装修工作。他们不分白天黑夜，不能按时吃饭，没有时间休息，每天累得腰酸背痛，但他们都咬紧牙关坚持下来，为按时开业做出了很大贡献。他们的努力得到了单位的好评，在以后几年的工作中很快被提升到了重要的工作岗位。

（一）身体素质

身体素质是人的整体素质的基础，是心理素质、社会文化素质产生、发展的载体。身体素质为形成健康的心理素质、良好的社会文化素质提供了身体条件。身体素质是在劳动、运动和生活中表现出来的力量、速度、耐力、灵敏度、柔韧性等机体能力和适应外界环境变化的能力。有的人力气大，有的人跑得快，有的人动作灵活，这就是每个人身体素质不同的表现。身体素质是全面发展所必备的条件，也是一个人就业所必备的条件。

良好的身体素质是就业的基础。无论从事什么职业，良好的身体是基础和保证，良好的身体素质体现为健康的身体、强壮的体魄、健全的机能和充沛的精力等。就业的道路不可能是一帆风顺的，特别是在就业之初，工作没有完成需要延长工作时间，问题没有解决或临时出现突发问题需要加班加点，这都是很常见的事。为了工作，可能没有休息日，可能缺少闲暇实践。要适应这种高强度的工作和生活，就必须有一个健康的身体。

（二）心理素质

心理素质在人的素质系统中占有重要地位，健康的心理素质是形成强健的身体素质、良好的社会文化素质的重要保证。心理素质是指在实践过程中对人的心理和行为进行调节的个性特征。心理素质在人的素质结构中居于核心地位。良好的心理素质是 21 世纪对人才的基本要求。一个人身体有残疾并不可怕，张海迪、张仕波、桑兰等人身残志坚，为社会做出了自己的贡献。而一个人心理有残疾是很可怕的。1991 年留美学生卢刚因为遇到比他还优秀的留学生，因为没有等到导师的大力推荐找到理想的工作，由妒生恨，心里极度失衡，竟然枪杀了包括他导师在内的 6 名国际知名的专家学者，随后他自己也自杀身亡，制造了震惊海外的大惨案。尽管卢刚的学历高，能力强，但由于心理异常，最终堕落为罪人。

人生 2/3 的时间是在职业生涯中度过的，这是一个充满艰辛、不懈奋斗的历程。良好的心理素质可以帮助我们在各种处境下调整心态，最终实现职业理想。良好的心理素质表现为良好的心理状态、健康的心理品质、较强的应对挫折的心理承受能力等。

1. 良好的心理状态

人生的道路不可能是一路顺风，良好的心理状态能推动人奋发向上、积极进取；而消极的心态状态则使人郁闷颓废，灰心丧气。在人生的道路上，当你获得成功时，不要被胜利冲昏了头脑；当你遭受挫折时，不要急躁，不要悲观，要保持积极的状态，即所谓“胜不骄，败不妥”，相信最后的胜利是属于你的。

【案例】

著名模特彭丽在中学毕业时去香格里拉饭店应聘服务员，报名的人很多，竞争异常激烈，要经过笔试、面试等几道关卡。笔试过后，彭丽担心自己笔试不好可能会被淘汰，便壮着胆子直接找到外方总经理，用英语做了自我介绍。总经理听了她的介绍，眉头一皱说：“你只会这么一点英语？”彭丽微笑着说：“总经理先生，您的中国话也不是只会这么一点吗？您可以在这里做总经理，我当然也不满足于舒适的工作环境和优厚的报酬，而是渴望从事更有创造性的、富有魅力的工作。”不久，彭丽有带着自信的笑容考上了北京时装表演队，并一次次在无数竞争者中脱颖而出，终于获得国际模特大赛冠军。

2. 健康的心理品质

什么样的心理品质能够在就业活动中，特别是在创业活动中发挥较大的促进作用？我国科学家吸取国内许多方面的研究成果，认为与创业活动有关的心理品质主要有独立性、敢为性、坚韧性、克制性、合作性等，这些心理品质与创业能否成功有较大关系。

1）独立性——思维和行为不受外界和他人的影响，能够独立思考并选择行动的心理品质。

2）敢为性——有果断的魄力，敢于行动、敢冒风险并敢于承担挫折和失败的心理品质。

3）坚韧性——为达到某一目的的坚持不懈、不屈不挠并能承担挫折和失败的心理品质。

4）克制性——能自觉地调节和控制自己的情绪和情感、约束自己的行为、克服冲动的心理品质。

5）适应性——能及时适应外界环境和条件的变化，灵活地进行自我调整、自我转换的心理品质。

6）合作性——能设身处地为人着想，善于理解对方、体谅对方、善于合作共事的心理品质。

在现在的学习和实践中就要有意识地培养这些心理品质，独立而不孤僻，既不依赖他人又能与人合作；敢为而又善于自控，既善于抓住时机、敢于行动又锲而不舍、坚持不懈。只有具备了这些良好的心理品质，做好足够心理准备，才能踏上成功之路。

3. 较强的心理承受能力

在学习和工作中，难免会遭受挫折和失败。不少人就是因为受打击挫折难以承受而一蹶不振。要想走向成功，就必须消除急功近利的思想，克服对失败的恐惧，突破对就业的心理误区，树立坚忍不拔的精神，战胜自己，勇往直前。世界上不少成功人士在成名前都曾经遭受过挫折。

【案例】

美国一位穷困潦倒的年轻人，即使身上全部的钱加起来都不够买一件像样的西服的时候，仍全心全意地坚持着心中的梦想。他想做演员，拍电影，当明星。当时，好莱坞有500家电影公司，他根据自己的思路与排列好的名单顺序，带着自己写好的剧本前去一一拜访。但第一遍下来，所有的电影公司没有一家愿意聘用他。面对百分之百的拒绝，这次年轻人没有灰心，从最后一家被拒绝的电影公司出来之后，他又回去从第一家开始，继续他的第二轮拜访与自我介绍。在第二轮的拜访中，他仍然遭到500次的拒绝。第三轮的拜访结果仍与第二次相同，这位年轻人咬牙开始他的第四次行动。但他拜访完第349家电影公司的老板破天荒地答应他留下剧本决定投资开拍这部电影，并请这位年轻人担任男主角。这部电影名叫《洛奇》。这位年轻人叫席维斯•史泰龙。翻开任何一部电影史，这部叫《洛奇》的电影与日后这个红遍全世界的巨星都榜上有名。你有勇气接受1849次拒绝吗？世界巨星席维斯•史泰龙的遭遇给我们什么启示？我们有迎接1849次拒绝的勇气吗？

对我们中职学生的成长来说，挫折是一种磨炼，更是一种财富。挫折是我们职业生涯的必修课，关键是怎么看待和接受，怎么样做到越挫越勇。我们要向席维斯·史泰龙学习。假如我们尝试1848次都失败了，那就尝试第1849次吧，也许这一次我们会取得成功。在求职过程中，虽然自古有“伯乐找千里马”一说，但在现今这个充满机遇与挑战的大环境中，我们一定要转变观念，主动出击，不断求索，试写“千里马找伯乐”的新篇章。即使一时遭受挫折，也不应该妄自菲薄，动摇信心。没有“天生我材必有用”的自信，何言到社会上去打拼呢？

1）挫折是职业生涯的必修课。现代社会竞争越来越激烈，有竞争，就有失败，有失败，就有挫折，在求职择业中遇到挫折是正常的，切不可因此而自卑。只要用心留意，古往今来，哪位圣贤豪杰没有失败过。只是他们活用了失败的经验，加上勇气和决心，所以反败为胜。他们职业生涯的成果与辉煌都是在历经磨难之后取得的。

司马迁《报任安书》：“盖西伯拘而演《周易》；仲尼厄而作《春秋》；屈原放逐，乃赋《离骚》；左丘失明，阙有《国语》；孙子膑脚，《兵法》修列；不韦迁蜀，世传《吕览》；韩非囚秦，《说难》《孤僻》《涛》三百篇，大抵圣贤发愤之所作也。”放眼世界，考察一下一些知名人物的早年生活，就会发现他们中的一些人痛苦地遭到失败的打击，挫折一直与他们为伴。

2）职场受挫后重整旗鼓。挫折是个体在满足需要的活动中遇到阻碍和干扰，使个人动机不能实现，个人需要不能满足的一种心理感受。现代生活中，每个人都可能遭遇挫折。虽说一个人经受一些挫折有一定的好处，可以锻炼人的意志，培养在逆境中经受挫折失败后再接再厉的精神；但不断地让人经受挫折，经常陷于挫折之中也是不可取的，毕竟挫折容易使人痛苦、自卑、怨恨，失去希望和信心，职场受挫后，如果不善于自我调适，会使心理失衡，不仅影响人的工作、生活，还会严重影响人的健康，太大的压力会使其人格发生根本变化，从而变得冷漠、孤僻、自卑，甚至执拗。

职场受挫应对策略

第一，沉着冷静，不慌不怒。既然挫折是职业生涯的伴侣，逃避是不现实的，我们就要坦然面对，积极应对。

第二，增强自信，提高勇气。萧伯纳说：“有自信心的人，可以化渺小为伟大，化平庸为神奇。”在职场中出现挫折时，我们最重要的是相信自己。只有相信自己的人才有无穷的力量，只有相信自己的人

才有无穷的力量，只有相信自己的人才能得到别人的信任，也只有相信自己的人才能在挫折面前奋斗前行。

第三，总结经验，改变方法。即使总结经验，想出更好的改进办法，知道下一次怎么样可以做得更好一点，然后把这个教训牢牢记在心中，并且永远不要在同一个地方摔倒两次。教训挫折所能给人最大的教益，或经验也正由此积累而来。

第四，再接再厉，锲而不舍。当你遇到挫折时，要勇往直前，既定目标不变，努力的程度加倍。

第五，移花接木，灵活机动。倘若原来太高的目标一时无法实现，可用比较容易达到的目标来替代，既能在新目标的实现中体现成功的喜悦与快感，又能迅速地恢复你的自信心。

第六，情绪转移，寻求升华。可以通过自己喜爱的集邮、写作、书法、美术、音乐、舞蹈、体育锻炼等方式，使情绪得以调适，情感得以升华。

第七，学会发泄，摆脱压力。面对挫折，不同的人有不同的态度，有人惆怅，有人犹豫，此时不妨找一两个亲近的人、理解你的人，把心里的话全部倾吐出来。从心理健康的角度而言，宣泄可以消除因挫折而带来的精神压力，可以减轻精神疲劳；同时，宣泄也是一种自我心理救护措施，它能使不良情绪得到淡化和减轻。

第八，学会幽默，自我解嘲。“幽默”和“自嘲”是宣泄积郁、平衡心态、制造快乐的良方。当你遭受挫折时，不妨采用阿Q的精神胜利法，比如“吃亏是福”“破财免灾”“有失有得”等来调节一下你失衡的心理；或者“难得糊涂”，冷静看待挫折，用幽默的方法调整心态。

第九，必要时求助于心理咨询。当人们遭遇到挫折不知所措时，也可以求助于心理咨询机构。心理医生会对你动之以情，晓之以理，导之以行，循循善诱，使你从“山重水复疑无路”的困境中，步入“柳暗花明又一村”的境界。

面对挫折，不要怕，因为懦弱的人一事无成；也不要悔，因为成长必然要付出代价。“不经历风雨，怎能见彩虹？”只要我们以积极的心态，勇于面对，把挫折当成起点，奋斗拼搏，积极地采取措施，就一定会取得属于自己的成功。

【案例】

1832年的美国，有一个人和大家一道失业了。他很伤心，于是下决心改行从政。他参加州议员竞选，结果竞选失败了。他着手开办自己的企业，可是不到一年，这家企业倒闭了。此后几年里，他不得不为偿还债务而到处奔波。

他再次参加竞选州议员，这一次他当选了，他内心升起一丝希望，认定生活有了转机。第二年，即1851年，他与一位美丽的姑娘订婚。没料到，离结婚日期还有几个月的时候，未婚妻不幸去世，他心灰意冷，数月卧床不起。

1852年，他决心竞选美国国会议员，结果名落孙山。但他没有放弃，而是问自己：“失败了怎么办？”

1856年，他再度竞选国会议员，他认为自己争取做国会议员的表现是出色的，相信选民会选举他，但还是落选了。

为了挣回竞选中花销的一大笔钱，他向州政府申请担任本州土地官员。州政府退回了他的申请报告，上面的批文是：“本州的土地官员要求具有卓越的才能，超常的智慧。”

接二连三的失败并未使他气馁。过了两年，他去竞选美国参议员，仍然遭到失败。

在他的一生经历的十一次重大事件中，只成功了两次，其他都是以失败告终，可他始终没有放弃追求。1860年，他终于当选为美国总统。他就是至今仍让美国人深深怀念的亚伯拉罕•林肯。德国哲学家尼采说过：“假若一切梯子都使你失败，你必须在自己的头上学习升登。”法国思想家卢俊说：“信念是抱着坚定不移的希望和信赖”，永不屈服于失败和厄运，坦然面对困难与挫折，在坚定不移的信念支撑下，勇敢地战胜各种风浪、困难和艰险，“在自己的头上学习升登”，从而最终到达了成功的彼岸。

4. 转变角色，消除进入职场的心理困惑

亲爱的同学们，请记住：我们不能左右风的方向，但我们可以调整船的风帆。

"外面的世界很精彩，外面的世界很无奈"，用这句歌词来形容职业学生到社会这一转折时期的心态恐怕是再恰当不过了。职业学生告别校园，踏上崭新的工作岗位，意味着学习、工作、生活环境的转换，意味着一个正式社会成员的产生，同时也意味着更多更具体的社会期待在等待着我们。这些变化和期待突然间出现在我们学生面前，给我们学生带来许许多多的困惑和苦恼，主要有以下几种心理。

（1）对学生角色的依恋心理

从幼儿园开始，我们一直是学生身份，大家对学生角色的体验已是非常熟悉了，学生生活使每个人都养成了一种习惯的学习方式和生活方式。刚走上工作岗位时，学生常常会表现出对学生角色的依恋，自觉不自觉地将自己置于学生之中，以学生角色来要求自己和对待工作，以学生的思维方式来观察和分析事物，从而带来适应上的困难。

（2）观察等待的依赖心理

初入职场的生活是处于依赖与摆脱依赖的过渡期。当职业学生一旦离开学校走向社会，承担起职业角色时，成人的自觉性和独立性还没有养成。因而，初入职场的学生往往存在着一种观望等待的依赖心理。正如一首歌中唱到的："我是一只小小鸟，想飞却怎么也飞不高……有一天突然飞上蓝天，却发现自己是那样地无依无靠。"在这种依赖心理的作用下，很多学生不去深入地了解自己的工作性质、范围、程序以及相互关系，工作全靠领导安排，安排多少干多少，缺乏主动性和创新性。

（3）消极退缩的自卑心理

职业学生初入职场，面对新的工作环境和生疏的人际关系时，往往缺乏应有的自信。一些职业学生在工作中放不开手脚，看到别人工作经验丰富，驾轻就熟，相比之下觉得自己这也不行，那也不行，胆小畏缩，不知工作应从何入手，担心自己做错了事会造成后果，也很想显示自己的才能，但是面对许多具体的工作，缺乏经验和办法；想问别人又怕碰钉子；想自己干，又怕出差错，闹笑话，丢人；思想上十分矛盾，工作上缩手缩脚。

另外，职业学生出入社会，很容易产生不被重视的自卑感，在校园内，每个学生都是处于平等状态，但到了一个新的工作单位，作为新来的员工，常常要从最基层干起，各方面都很难引起别人的重视，很难有表现自己的机会。因此，很容易产生沮丧情绪，产生"不求有功但求无过"的消极心理，进而产生自我否定心理。

（4）苦闷压抑的孤僻心理

走出校园，踏入社会，原有的同学朋友圈子被打散了，而新的交际圈子尚未建立。面对新的工作环境和一张张陌生的面孔，每个人都会产生一段短暂的友情真空时期，容易产生孤独感。另外，工作单位等级分明的上下级关系、居高临下的命令方式等也容易使我们产生压抑感。

（5）眼高手低的自傲心理

部分中职学生自以为接受了专业教育，又有较娴熟的专业技能，拥有行业的资格证书，已经是一个人才了，因此看不起基础工作和基层工作人员，还认为自己是大材小用。在这种心理作用下，部分中职学生在现实中表现为眼高手低，大事做不了，小事又不做。

（6）见异思迁的浮躁心理

中职学生在角色转换中还容易表现出不踏实的作风，不稳定的情绪，不愿加班，不愿干重体力活，不能吃苦。有的同学工作几个月后还静不下心来，可谓“身在曹营心在汉”，三心二意，这山望着那山高，一阵子想干这项工作，一阵子又想干另一项工作，整日恍惚不定。

【案例】

小晴是保险专业的高材生，英语相当出色，一直对自己的未来有着美好的憧憬，毕业后来到一家不错的保险公司做业务员，总感觉不被公司重视。终于她忍不住了，气愤不已地对她的父亲说：“我要离开这个公司。我恨这个公司！”听完她的叙述，父亲建议道：“我举双手赞成你报复！这个破公司一定要给它点颜色看看。不过你现在离开，还不是最好的时机。”小晴问：“为什么？”父亲说：“如果你现在走，公司的损失并不大，你应该趁着公司的机会，拼命去为自己拉一些客户，利用在公司工作的机会提高自己，使自己成为公司独当一面的人物，然后带着这些客户突然离开公司，这样公司才会受到重大损失，非常被动。”小晴觉得父亲说得非常在理，于是努力工作，不断提高自己，事遂所愿，半年多的努力工作后，她有了许多忠实客户。一直关注着她的父亲后来问小晴：“现在是报复你公司的时机了，要跳槽就赶快行动哦！”小晴淡然笑道：“老总跟我长谈过，准备升我做总经理助理，我暂时没有离开的打算了。”父亲欣慰地笑了。小晴后来为什么不打算离开了？她的经历对于初入职场的同学有什么启示呢？

模块三　烹饪职业素质的综合要求

烹饪职业素质的综合要求还包括要学会与人际交往，与人相处，学会沟通与合作，懂得开发自我潜能等多个方面。

一、学会交往

当前的社会是一个开放的社会，人与人之间的联系越来越紧密。我们作为社会的一员、集体的一员，需要学会与人际交往，与人相处。假如，我们没有一个朋友，我们的生活会是什么样的？假如，我们不知道如何与人交流，我们的生活会是什么样的？如果我们不会交往，我们就难以成就自我的职业生涯。有人说：“一个人的成功只有15%来源于他的专业技术，85%来源于人际关系和做人处事的能力。”它告诉了我们一个道理，学会交往，处理好人关系，对我们的人生、对我们的职业生涯至关重要。

生活与工作在这个社会里，我们需要与人交往。良好的交往能力，有助于我们获取生活的快乐与职业生涯的成功。即使现在的我们不会交往，但只要愿意改变，我们也能学会交往，成为交往的高手。

如果我们希望自己成为善于交往的人，就从现在开始有意识地锻炼自己吧。具体说来该如何做呢？看看下面的建议吧。

1．以诚待人

生活中，每个人都希望自己身边的人是真诚的；工作中，每个人都希望自己的同事是真诚的。

人与人之间的关系是相互的，彼此有所施。有句话说：“希望别人怎样对待你，你就怎样对待别人。”唯有如此，我们才能真正拥有良好的人际关系，才能与人和谐交往。

以诚待人是一种品质，绝不是短时间内就能塑造的，需要我们在学校学习的时候，从自我做起，从小事做起，从生活中的点滴做起，不管是与朋友交往，还是与老师、父母交往都要做到以诚待人。

2. 学会宽容

当别人冒犯自己时，首先想想我们可曾同样冒犯过别人？宽容是化解矛盾、赢得朋友的良药。我们每个人都是有思想、有个性的个体，我们要与别人相处，就要学会理解与宽容，试着原谅他人的过失，理解他人的行为。

当然，我们要学会辨别是与非，如果他人的行为有违原则，那我们要坚决地反对。同时要讲究反对的技巧，通过正当的渠道，本着帮助他人的心态去妥善解决问题。这样我们既解决了问题，又赢得了朋友的尊重，进而增进彼此的友谊。

3. 学会倾听

一位培训班的老师讲过这样一句话："为什么我们都是两只耳朵、一张嘴？那是造物主提醒我们一定要多听少说。"在与人交往的过程中，要学会倾听。学会倾听意味着学会心灵与心灵间的沟通。这是因为"倾听"虽然只是一种谈话的方式，但它蕴含着人与人之间的巨大信任。如果有人向我们诉说恩怨或袒露心曲，我们的倾听就是一种情感的投入、心灵的答应；如果表现得心不在焉、无动于衷，只能伤害他人的感情，毋谈心间的沟通了，交往都无法继续。

美国一位资深的外交官曾对周恩来在外交活动中主义"倾听"的风格留下深刻的印象。他说："凡是亲切会见过他的人几乎都不会忘记他，他身上焕发着一种吸引人的力量。外表固然是一部分原因，但是使人获得第一个印象的是眼睛。你会感到他全神贯注于你，他会记住你和他说的话。这是一种使人一见之下顿感亲切的罕见天赋。"

闻名世界的卡耐基曾在纽约出版商主办的一次晚宴上，见到了一位著名的植物学家。他倾听着植物学家谈论大麻、室内花园以及关于马铃薯的惊人事实。直至午夜告别时，卡耐基几乎没有说过什么话。那位植物学家却高兴地对主人说："卡耐基先生是最有意思的人，是最有意思的谈话家。"

由此看来，在与人交往中，"倾听"可以使自己受欢迎。我们作为职业学生，学会倾听，就是要学会在与人交谈的场合，克服浮躁之气和轻慢之举，做到认真、耐心而仔细地听别人谈话。倾听时，神情要专注，并以点头之类的动作进行适当回应，辅以上身略微前倾等形体动作，以表示自己非常重视对方的谈话。在平常的生活与交往中注意养成倾听的习惯。

4. 学会感恩

与人交往的过程中，我们要常怀一颗感恩之心。别人的一个微笑、一次援助、一句温暖的话语，一杯热腾腾的开水……一切施于我们、有益于我们的，无论价值大小，我们都要懂得回报。心存感激，我们就会与人为善，从而也会为自己赢得更多的朋友。

【故事】

有一次，国王安诺思齐万在自己王国中旅行，看见一位老人，正满头大汗地干活。国王问他干什么，老人告诉他："我在种果树。"

国王惊奇地问："你的年纪已很大了，为什么要种这些树呢？你既不能观赏到这些树的叶子，也不能坐在树荫下乘凉，更别说吃到树上的果子了。"

老人答道："那些已长成的树，是我们的先人们栽的，使我们现在得以享用；现在，我也栽树，为的是让我们的后人也能从这些树上得到收获。"

这个故事告诉我们：每个人既然享受了前人给我们创造的幸福，也有责任让后来者享受我们奉献的成果。在与人交往中，我们享受了别人给我们的幸福，我们也有责任让别人享受我们的奉献。如此，礼尚往来，才容易形成和谐的可持续发展的人际关系。

5. 主动交往

交往是双边活动，是双方共同努力的结果，但在这项双边活动中，需要有一方主动。主动地打招呼，主动地微笑，主动地开口说话等。试想，如果两个人相见，都不主动打招呼，如何使交往进行下去。回想我们与人交往的历程，结识新朋友时，最难的是什么？也许就是开口说第一句话。

如果我们想获得更多的朋友，想拥有融洽的人际关系，从现在开始，主动交往吧。

见到老师、同学，主动问候一声！

见到老朋友、新朋友，主动招呼一下！

遇上节假日，主动给自己的朋友、老师、家人打个电话、发封邮件或寄张贺卡。

无论如何，现在开始，从自己做起，主动地与人交往，我们一定会拥有更多的朋友。

二、学会沟通与合作

警世名言

与他人进行有效的沟通，并且赢得他们的合作，这是那些要使自己的事业上升的人们应该努力培养的一种能力。

——戴尔·卡耐基

（一）沟通与合作的重要性

1. 沟通无处不在

在今天，恐怕没有哪一个概念像沟通这样被广泛地使用。我们走在街上，可以看到广告商为通信工具所做的大幅广告“沟通无极限”，让亲人之间的沟通更轻松；打开电视，可以听到“沟通从心开始”的节目；打开招聘广告，醒目地标识着“应聘者需具体有良好的沟通能力”……可以说“沟通”已成为当代社会普遍流行且使用频率极高的词汇。

什么是沟通？沟通是人与人之间通过语言、文字、符号或其他的表达形式，进行信息传递和交换的过程，这些信息包括人们的思想、观念、知识、兴趣、情绪、意志等。其实，沟通是每个人与生俱来的能力之一，从新生儿表达饥饿的哭闹开始，人一生都在寻找最佳的方式与周围的一切进行沟通。

2. 沟通是现代社会的通行证

每个人都不是生活在一座孤岛上，而是在群体中发展，因此，每个人都必须学会沟通，通过积极人际交往，建立和谐的人际关系。

在这个形形色色的社会里，在错综复杂的现实面前，人们对问题的看法难免不同甚至针锋相对，只有进行沟通才能达成共识，也只有进行沟通才能相互了解并接纳对方的思想观念，修正和完善自己的价值观、人生观、世界观，形成自己的思想体系和行为方式。

沟通有助于我们与他人进行交流，深化对自我的认识；有助于我们加深理解，化解矛盾，增进感情，获得友谊。

3. 合作是21世纪的社会准则

合作是一个永恒的主题，从刚刚懂事起，我们已经作为社会人与人相处，与人合作了。最初，和我们相处的是我们的父母；之后，有托儿所、幼儿园的阿姨和小朋友；随后，又有从小学到职业中学期间的老师和同学；等到我们走上社会，踏入了职场，我们的交际范围进一步扩大，各式各样的人将走进我们的生活，进入我们的合作范围。无论是家人、同学、朋友还是同事，我们都在与他们合作着，可以说，人的一生是合作的一生。21 世纪是信息共享的世纪，没有一个公司或个人能够拥有他所需要的全部资源并完成所有的事情。社会分工越来越细密，对合作的要求越来越高，每一个人、每一个公司都需要合作，合作已被提到了前所未有的高度上。成功青睐于那些懂得如何将人团结起来、利用创造性和多样化思维创造奇迹的人。合作是成功的源泉，合作是 21 世纪的社会准则。微软中国研发部的总经理张丁辉博士曾做过这样的论述："就招聘员工而言，我们有一套很严格的标准，其中最重要的就是他必须要有积极的团队合作精神！"对此，很多人持不同的看法，但张丁辉博士地表示："即使这个人是天才，但如果他的团队精神比较差，我们坚决不要！"他接着解释道："就以编程为例。微软在开发 WindowsXP 时，就有 500 名工程师同心协力地奋斗达 2 年之久，共编有 5000 万行编码。大家想想看，这么浩大的研究工程，需要不同类型，不同性格的人员共同奋斗；如果缺乏合作精神，这简直是难以相信的事情，成功是根本不可能的！"只有掌握了良好沟通能力和优秀合作技巧的人，才能汇众人之力，取得成功，明白这一点，对于我们职业学生尤其重要。在人生与社会舞台上，能娴熟地运用沟通技巧，掌握合作的基本方法，带给我们的不仅仅是欢乐与和谐。比尔·盖茨成功的秘诀是：因为有更多的成功人士在为我工作。他的话道出了与人合作的重要性：合作创造力量，合作加速成功。

一个由相互联系、相互制约的若干部分组成的整体，经过优化设计后，整体功能能够大于部分之和，产生 1+1>2 的效果。分工合作正被更多的管理者所提倡，如果我们能把复杂的事情变得简单，把简单的事情变得容易，我们做事的效率就会倍增。合作，就是简单化、专业化、标准化的一个关键。世界正逐步发展，于是合作的方式就理所当然地成为了这个时代的产物。俗话说："三个臭皮匠，合成一个诸葛亮"，"一根筷子容易断，十根筷子断就难。"的确，合作是人类不可或缺的生存方式。只要想生存，就离不开合作。知识合作的形式与合作的效率不同，如此而已。精诚合作、集思广益是人类最了不起的能耐，它不仅可以创造奇迹，开辟前所未有的新的天地，也能激发人类最大潜能，即使面对人生再大的挑战都不足惧。职业学校学生一定要记住：合作是成功的必要条件。

想一想

沟通与合作的技巧有哪些？

生活在今天的社会，人际交往越来越多，学会共处需要你多方面的能力，也考验着你各方面的能力，其中包括智力，口才、合作沟通的技巧。你在这方面的情况怎么样，不妨来一个自我测验，分别回答下列三组问题，就可以知道你的能力与技巧如何。根据你的实际在每道题后面上"√"或"×"分别表示"是"或"非"。

测试题

1. 交谈部分

1）我总是觉得随着别人的话题说话非常困难。

2）我能够非常自如地表达自己的思想和感情。

3）我能够了解对方的想法和感受。

4）我能使一次谈话非常顺利地进行下去。

5）从对方谈话中我能对某些勒戒不多的话题有进一步的认识，使我非常高兴。

6）我不喜欢谈论我个人的事。

7）对方在谈话中奉承我的时候，我总是感到不安。

8）从他人的谈话中了解到不少东西，我总认为这是很容易做到的事情。

9）在谈话中，我善于抓住对方谈话的中心意思。

10）我只喜欢自己了解的问题。

2. 讨论部分

1）他人不同意的观点，我能够一再提出争议。

2）我毫不顾忌地拒绝朋友的不合理要求。

3）我很容易接受他人的意见和要求。

4）凡是有争议时，我一定走开。

5）尽管我的意见同朋友们不同，但是我还是愿意说出来。

6）当朋友说“是”的时候，我很难说“不”字。

7）当朋友和我争论的时候，我总是认输。

8）我经常问别人，我有没有做得不对的地方。

9）我不喜欢公开讨论和某人关系不好的原因。

10）如果在某种场合不受欢迎，我一定要找出原因。

3. 批评部分

1）工作未按时完成，面对领导的批评能虚心接受。

2）面对领导的误解，我忍气吞声。

3）对同事无原则的侵权我一忍再忍。

4）明明发现领导讲错了，我还按照他的错误思路去做。

5）面对同事的不同意见，我总是用争吵来回应。

6）我喜欢听好话，哪怕明知自己做得不好，还是希望别人说我好。

7）我不喜欢自我反省。

8）批评使我丧气，表扬令我奋进。

9）面对领导生气时的批评，我能尽量不和他争辩。

10）面对善意的批评，我一定会接受并及时反省。

计分

1. 交谈部分：每答对1题得1分。

1）、7）、10）题为“否”；2）、3）、4）、5）、6）、8）、9）题为“是”。

2. 讨论部分：每答对1题得1分。

1）、2）、5）、10）题为“是”；3）、4）、6）、7）、8）题为“否”。

3. 批评部分：每答对1题得1分。

1）、9）、10）题为“是”；2）、3）、4）、5）、6）、7）、8）题为“否”。

鉴定

1. 交谈部分

总分超过8分者：你在谈话过程中应付自如，既是听众，又是发言者，使谈话进行得有声有色。

总分6~7分者：你有时谈论得比较自然，但主要看场合本人的情绪。

总分5分以下者：无论在社交场合或是朋友间的谈话，你都感到困难，可能是因为你不愿意或不能够把自己的真实情感表达出来。

2. 讨论部分

总分超过8分者：即使在困难的处境中，你都能够战胜对方。

总分6~7分者：如果对方和你的能力差不多的话，你可以把自己的观点说得很清楚。

总分5分以下者：你往往放弃自己的观点，即使是正确的，你也不愿坚持。

3. 批评部分

总分超过8分者：接受批评时，你不感受到丧气，因为你知道善意的批评是关心的表现。总分5分以下者：你一受到批评立即垂头丧气，认为批评是最可怕而有害的东西。

(二)合作与沟通的六个原则

沟通是现代社会的通行证，合作是事业成功的必要条件。通过学习，每个人都希望能有效地与人沟通与合作，走出自己的小天地。合作与沟通如此重要，可是我们能学会吗？其实，无论你是天生活泼开朗，还是木讷内向，只要你想与人交际，只要你愿意尝试和学习，你都能与他人进行沟通与合作。因为，沟通有方法可从，合作有技巧可循。

1. 尊重他人

建立良好的人际关系，首先要尊重别人，只有给予对方尊重才有沟通，才会有机会合作。尊重别人，就要允许别人不完善，接纳别人与自己的不同之处。从本质上来说，人和人都是差不多的，即使有差别，也仅仅是量上的差别而已，我们要接纳差异的存在，不能瞧不起别人和瞧不起自己。在交往中，要尊重别人，对别人的缺点要多一份宽容和理解。金无足赤，人无完人。

2. 坦率表达

在与人交往中，我们要学会讲出来，尤其是坦白地讲出你内心的感受、感情、痛苦、想法和期望等，但绝对不是批评、责备、抱怨、攻击："你不说出来，我们怎么知道呢？"

3. 主动认错

承认"我错了"，是沟通的消毒剂，勾销了多少人的新仇旧恨，化解掉多少年打不死的死结，让人豁然开朗。说对不起，不代表自己真的犯了什么天大的错或做了伤天害理的事，而是一种软化剂，使事情有回转的余地。

4. 有效倾听

人际关系学者认为倾听是维持人际关系的法宝，几乎所有的人都喜欢倾听他讲话的人，倾听技术成为改善人际交往的重要方式，所以，中职学校要学会有效地倾听。在与人沟通时，作为听者要少讲多听，不要打断对方的谈话，最好不要插话，要等别人讲完之后再发表自己的见解；要尽量表现出倾听的兴趣，听别人讲话时要正视对方，切忌有小动作，以免对方认为你耐烦；力求站在对方的角度考虑问题，向对方表示关心、理解和同情；不要轻易地与对方争论或妄加评论。

要记住："专心听别人讲话的态度是我们所能给予别人的最大赞美。"学会倾听，在沟通与合作中很重要。我们来读一读美国知名主持人林克莱特的故事。

林克莱特有一天访问一名小朋友。问他说："你长大后想要当什么呀？"小朋友天真地回答"嗯……我要当飞机的驾驶员！"林克莱特接着问："如果有一天，你的飞机飞到太平洋上空时所有引擎都熄火了，你会怎么办？"小朋友想了想："我会先告诉坐在飞机上的人绑好安全带，然后我挂上降落伞跳出去。"当现场的观众笑得东倒西歪时，林克莱特继续注视着这孩子，想看他是不是自作聪明的家伙。没想到，接着孩子的两行热泪夺眶而出，这才使得林克莱特发觉这孩子的悲悯之情远非笔墨所能形容。于是林克莱特问他说："为什么要这么做？"小孩子的答案透露出他真挚的想法："我要去拿燃料，我还要回来！"

听懂了别人说话的意思吗？如果不懂，就请听别人说完，这就是"听的艺术"。听话不要听一半，不要把自己的意思投射到别人所说的话里面。

5. 经常赞美

赞美是一种交往艺术。希望得到别人的注意和肯定，这是人们共有的心理需求。赞美是最能满足这种需求的，就像渴望得到别人的尊重一样，得到赞美也是令人心情愉快的事情。

所以，你在与人交往时，一定不要吝啬你的赞美。赞美是赢得对方好感的一种好办法。但是，赞美别人一定要注意分寸，首先要时时留心身边的人和事，多发现别人的优点，真心实意地赞美你周围的人；其次要把握分寸，赞美得恰如其分，要恰如其分地表现他们身上最好的东西，切忌“吹捧”“夸张”。在多年以前年薪已经达到100万美元的施瓦布先生这样阐述他的成功之道：“我认为我所拥有的最大财富就是能激起人们极大的热忱，而激起人们极大热忱的方法就是去鼓励和赞美。我从来不指责任何人，而是不断地激励别人去工作。我总是急于表扬别人什么，而最恨吹毛求疵。如果说我喜欢什么东西，那就是诚挚地赞扬别人。”

6. 保持微笑

笑容是令人感觉愉快，它可以缩短人与人之间的心理距离，为深入沟通与交往创造温馨和谐的氛围。因此有人把笑容比作人际交往的润滑剂。在笑容中，微笑最自然大方，最真诚友善。微笑放映自己心底坦荡，善良友好，待人真心实意，而非虚情假意，使人在交往中自然放松，不知不觉地缩短了心理距离。如在服务岗位，微笑更是可以创造一种和谐融洽的气氛，让被服务对象倍感愉快和温暖。微笑不但是“参与社会的通行证”，更是事业成功的必要条件。

【案例】

原一平在日本被称为“推销之神”。他在1949~1963年，连续15年保持全国售险业绩第一。其实，他身高只有1.53米，而且其貌不扬。在他最初当保险推销员的半年里，他没有为公司卖出一份保单。他没有钱租房，就睡在公园的长椅上；他没有钱吃饭，就去吃饭店专供流浪者的剩饭；他没有钱租房，就每天步行。可是，他从来不觉得自己是个失败的人。自清晨从长椅上醒来开始，他就向每一个他所碰到的人微笑，不管对方是否在意或者回报以微笑，他都不在乎，而且他的微笑永远是那样的由衷和真诚，他让人看上去永远精神抖擞，充满信心。终于有一天，一个常去公园的大老板对这个小个子的微笑发生了兴趣，他不明白一个吃不上饭的人怎么还会这么快乐。于是，他提出请原一平吃顿早饭。尽管原一平饿得要死，但还是委婉地拒绝了。原一平请求这位大老板买一份保险。于是原一平有了自己的第一笔业务。这位大老板又把原一平介绍给他的许许多多商场上的朋友。就这样，原一平凭借他的自信和微笑感染了越来越多的人，最终使他成为日本历史上签下保单金额最多的一名保险推销员。请记住世界上最伟大的推销员乔•吉拉德的这句话：“当你笑时，整个世界都在笑。一脸苦相没人理睬你。”请学会微笑吧。

三、开发自我潜能

【案例】

一位农夫，突然看见他14岁的儿子开着一辆轻型卡车翻到了水沟里，情况非常危急，他儿子随时都有生命危险。只见他不顾一切地拼命跑到出事地点，毫不犹豫地跳进水沟，双手伸到车下，不知他哪来的力量，竟然把卡车抬了起来，足以让前来援助的人把他失去直觉的孩子从卡车下面拽了出来。孩子得救了。

这位农夫并不健壮，身高只有170厘米，体重70千克。事后，农夫觉得非常奇怪，由于好奇，他就又试了一试，结果根本就动不了那辆车。

【案例思考】这个农夫救儿子的故事，说明了什么？

一个人在紧急的状态下，能把潜能发挥到惊人的程度。

一只凶猛的鳄鱼，把一个孩子咬到了口里。孩子的母亲在一瞬间，忘掉了一切，一把抓住鳄鱼的嘴，大吼一声：“孩子快跑！”巨大的声音和突如其来的超常力量，使鳄鱼在震惊中张大了嘴，孩子得救了。一位柔弱的妇女，为了挽救自己的骨肉，在关键时刻竟然产生难以想象的神奇力量——这就是人的潜能。

让我们认识潜能，激发潜能，挖掘自己巨大的潜能宝藏，由平凡走向伟大！

人的潜能无穷无尽，通过人的学习、记忆、认识、创造力、思维精神、文化素质等具体表现出来。“当今人类政治、经济、文化、科技的高度进化发达，都是人们用心思考、不断开发潜能、不断创造的结晶。从原始部落到国家政党会议，从山洞茅草屋到艺术宫殿、摩天大楼，从原始歌舞娱乐到现代音乐喜剧，从牛车、马车到火车、飞机；从手写、笔算到电子计算机的广泛应用，从地球的开发利用到月球的勘探研究……人类可以无止境地开发自己的潜能，不断创造新的奇迹，创造新的世界。在我们的生活中，是否也遇到过这样的人：各方面条件都一般，最后却做出了惊人的成绩，实现了一些看似不可能的目标。究其原因，原来是因为他充分地开发了自身的潜能。

【案例】

有一位金融保险专业的中专生，应聘做了公司的推销员。刚开始，他还雄心勃勃，梦想着做一个最杰出的“保险先生”。可是，干了几个月以后，他就对自己的能力产生了怀疑。有时候，大半个月他也不能谈成一个保户。他因此而陷入了苦恼：难道我真的不是干保险的材料吗？我真的连这点能力都没有吗？正当他打算打退堂鼓的时候，他看到了这样一句话：“每个人都具有超出自己想象两倍的能力。”他决定试一试，看看这句话是否真的有道理。他开始重新思考自己以往的工作态度及工作状况，他惊讶地发现，自己过去常常因为怯懦倦怠而白白浪费了许多机会，例如，有的时候遇到大的保户，由于自己的胆怯而没有及时抓住。他重新给自己理了个目标：增加每天的访问次数，绝不因为各种理由而拖延访问；要多与客户面谈减少电话访问的形式；对于有些客户要穷追不舍；访问有可能成为大保户的公司老板，不许怯懦和退却。

后来的结果如何呢？经过一段时间的努力，这位中专生又惊讶地发现：自己的能力远远超出过去，每个月的保单比以前足足多了5倍。

【案例思考】

这位中专生为什么能从沮丧中站起来，赢得比过去多得多的保单？

（一）培养自信

自信心对于励志成功具有重要意义，它是成功的起点，也是开发潜能的金钥匙。有人说，成功的欲望是创造和拥有财富的源泉。人一旦拥有了这一欲望并经由自我暗示，激发后形成的热情、精力和智慧，进而帮助我们获得学业或事业上的成就。所以，有人把自信心比喻为“一个人心理的建筑工程师”。如何才能建立自信？试试下面的方法。

1. 靠前面的位子坐

我们是否注意到，当我们作为新生第一天到职业学校的教室就座时，最后排座位先被坐满，还是前排座位先被坐满？一般而言，是后排。这是为什么？因为我们害怕自己“太醒目”，怕受人瞩目，说到底是缺乏自信心。

如果我们希望自己成为自信的人，从今天开始，无论在教室上课，还是在礼堂集会、电影院看电影等，都选择坐前排吧，长期坚持，能帮助我们提升自信心。把它当作一个“秘诀”，去试试。

2. 练习正视别人

假如我们遇到一双闪烁躲避的眼睛，一定会直觉地问自己：“他想要隐藏什么呢？他怕什么呢？他会对我不利吗？”眼神会暴露一个人的内心。

通常情况下，不敢正视别人意味着：我很自卑，我感到不如你，我怕你，我有罪恶感，我做了或想什么我不希望你知道的事，我怕一接触你的眼神，你就会看穿我。这都是一些不好的信息。

而正视别人等于告诉他：我很诚实，而且光明正大；我相信我告诉你的话是真的，毫不心虚。与人交往时，正视他吧，这不但能给我们信心，也能为我们赢得别人的信任。

3. 把走路的速度加快 25%

许多心理学家将懒散的姿势、缓慢的步伐跟对自己、对学习、对工作以及对别人的不愉快的感受联系在一起。同时，心理学家告诉我们，借助改变走路的姿势与速度，可以改变人的心理状态。

我们若仔细观察就会发现，身体的动作是心理活动的结果。那些遭受打击、被排斥的人，走路大多拖拖拉拉，完全没有自信心。另一种人则走起路来比一般人快，就像在跑，表现出超凡的信心。他们的步伐仿佛在告诉整个世界："我要到一个重要的地方，去做很重要的事情。"使用这种"走快 25%"的方法，抬头挺胸步伐加快，我们就会感到自信心在增长，周围的同学、老师也会对我们刮目相看。

4. 练习当众发言

在班级的讨论中，沉默寡言的同学往往认为：我的回答可能没有价值，如果说出来，别人可能会觉得我很愚蠢，会笑话我，我最好什么也不说。而且，其他人可能都比我懂得多，我不想被他们知道我是多么无知。这些同学常常会对自己许下渺茫的诺言，等下一次再发言。可是他们很清楚自己是无法实现这个诺言的。这是缺乏自信的表现，如此反复，他们会愈来愈丧失自信。

从积极的角度来看，如果我们尽量发言，就会增加信心，下一次也更容易发言。所以，要争取发言的机会，这是信心的"维生素"。

无论上什么课、参加什么聚会，每次都要主动发言，也许是评论，也许是建议或提问，都不要有例外。而且，不要最后发言，要做破冰船，第一个打破沉默。不要担心我们可能显得很愚蠢，不会的，因为总会有人同意我们的见解。所以不要再对自己说：我怀疑我是否敢说出来。大胆地当众发言吧，我们会获得更多锻炼自己的好机会，也会获得更多的自信心。

5. 开口大笑

笑不但能增寿还能添智，是医治信心不足的良药，是开发我们潜能的重要方法，而紧张的情绪不利潜能的开发。但是，仍有许多人不相信这一套，所以在遇到压力时，从不试着笑一下。开口大笑，我们会觉得美好的日子就来了。要大笑，半笑不笑是没有什么用的，一定要露齿大笑才能见功效。

我们常听到："我知道，但是，当我害怕或愤怒时，就是不想笑。"当然，这时任何人都很难笑出来。窍门就在于要强迫自己说："我要开始笑了。"然后一笑！我们的自信、潜能就在我们开心大笑中被激发出来了。

（二）积极暗示

心理学家经过长期研究得出这样一个基本规律：潜意识服从于暗示，暗示是一种语言的感觉性的提示，它可以唤起一系列的观念或动作。我们生活在世界上，每天接受大量信息，有积极的也有消极的。经常接受消极暗示的人会灰心沮丧，一生无所作为；而接受积极暗示的人则百折不挠。我们要主动接受积极暗示，排除消极暗示，这有助于充分开发我们的潜能，收获更大的成功。

【案例】

有一位平时上课很爱说话的中职学生，老师上课总是提醒她不要随便讲话，要认真听课。她满脸的不在乎，过不了几分钟又继续讲话。直到有一天，当她正与后面的同学讲得起劲时，老师满脸笑容请她到讲台上去一下，她犹豫着走了上去，心里在想："老师肯定要骂我……"可是，老师却叫她站在讲台旁边管纪律。她非常高兴，因为她从未站在讲台上管理过别人，她感到非常自豪，于是很认真地履行自己的职责（虽然当时的纪律较好，只有个别同学不专心）。在全班同学开始讨论上课内容的时候，老师转过头去很真诚地对她说："刚才你真的很能干！他们都听你的，其实我早就注意到你是一个聪明的学生。"她的眼睛一下子变得明亮起来，不相信地看着老师说："真的吗？"得到肯定回答后，她高兴地笑了，从此，老师同学都发现，她变了：她上课越来越守纪律，越来越认真，成绩越来越好。毕业时，被一家大公司录用了。

【案例解析】

这位学生为什么从不认真听讲，到爱学习了？虽然肯定有多种原因，但重要的一点是老师给她一次机会，给她一个肯定的评价，给她一个积极的暗示。

那么，我们如何有意识地给自己以积极的暗示呢？

要不断地想象、不断地进行自我确认。假如我们想要成功，就默念："我会成功，我会成功，我一定会成功。"假如我们希望自己的职业能力不断提高，就告诉自己："我只要努力学习，我的职业能力就会不断提高，一定会不断提高……"这样不断地、反复地练习，积极暗示的信息就会反复地输入我们的大脑，当我们的潜意识接受这些指令的时候，就会支配我们的行为，引领我们朝着目标前进，直到实现目标为止。

有人试了这个方法，却没有那么好的效果，原因在于他们重复的次数不够多。注意，一定要天天坚持这样做，不要做一天两天就放弃。影响一个人潜意识的关键，就是要不断地重复，大量地重复暗示，这样的话，我们的潜能就能得到开发。在运用积极的自我暗示时，要把握几个准则：

1）简洁。用于暗示的句子简单明确。例如："我越来越能干"、"我越来越聪明"、"我能行"、"我的目标一定能达到"、"我会干的很好的"、"小小的挫折对我来说不算什么"等。

2）积极。这一点极为重要，如果我们说："我不想贫穷。"虽然内容是积极的，但这种消极的语言会将"贫穷"的观念印在我们的潜意识里。因此，我们要正面地说："我会越来越富有。"

3）可行。我们的暗示语要可行，避免与心理产生矛盾与抗拒，如果我们觉得"我在这学期期末考试一定能考第十名"。这样，我们会得到一个比较满意的结果。

4）加入感情。当我们朗诵或默诵自己的暗示语时，要把感情灌注进去。如果只是随便在嘴里念叨是不会有效果的。因为我的潜意识是依靠思想和感受的协调去运作的。例如，我们在心里想自己是健康的，就要有浑身是劲的感觉；在想胜利或成功的滋味时，心里就洋溢着满足感和自豪感。

（三）阳光思维

我们在遇到问题时，一般有两种思维方式：一种是悲观的，总从消极的方面去想问题；另一种是乐观的，尽量从积极的方面去考虑，推动事物向好的方面发展。

【案例】

有位老太太，她有两个女儿。大女儿嫁给一位卖伞的，二女儿嫁给一位开染坊的，从此以后，这位老太太的心情就一天也没有好过。遇到阴天下雨，她就为二女儿发愁；遇到晴天呢，她又为大女儿发愁。邻居看到这种情形，就对老太太说，下雨天伞卖得快，你家大女儿挣了钱，晴天的时候，染坊生意好，你家二女儿又挣了钱，你家日子多好过呀，你还愁啥呀？老太太一想是啊，我的两个女儿都有钱了，我还发什么愁呢？从此，这位老太太就转忧为喜了。

【案例思考】

通过这个故事，你感悟到了什么呢？

人生在世，不如意的事常有。拥有一个好心态，始终保持乐观的生活态度是非常重要的。良好的心态是一种"心似白云眼前就会是一片光明"。这就是我们提倡的阳光思维。保持阳光思维，多看事情好的、善的一面，即便身处"不平"之境，也能对着太阳微笑，过得很快乐。可是怎么样才能拥有阳光思维呢？试试下面的方法。言行举止像我们希望成为的人，积极思维会产生积极的心态。心态与行动如影随形。如果一个人从一种消极的心态开始，等待着感觉把自己带向行动，那他就永远成不了他想做的积极心态者。从今天开始行动，一举手、一投足都像我们希望成为的人那样吧，用美好的感觉、信心与目标去影响他人而产生的满足感和成就感，可以促使自我心态更加积极。对人生、对大自然的一切美好的东西，我们要心存感激，这样生活也会显得美好许多。世间很多事情，当我们拥有时没有珍视，而失去它时又非常后悔。当我们心存感激时，我们的思维也会更加阳光。

1）称赞别人。莎士比亚说："赞美是照在人心灵上的阳光。没有阳光，我们就不能生长。"心理学家说："人性最深切的需求就是渴望别人的欣赏。"赞美具有一种不可思议的力量，对他人的真诚赞美就像荒漠中的甘泉一样让人心灵滋润。称赞别人的同时，也能让自己的心里充满阳光。

2）学会微笑。微笑是一种令人愉悦的表情，是人类的专利，也是一种含义深远的身体语言。微笑可以提升对方的信心，可以融化人们之间的陌生与隔阂，也可以让自己更阳光地看人、看事。当然，微笑必须是发自内心的、真诚的。

3）寻找每个人身上的优点。最差劲的人身上也有优点，最完美的人身上也有缺点，我们的眼睛盯住什么，肯定就能看到什么。寻找别人身上最好的东西这会使他们对自己有良好的感觉，努力做到最好，并创造出一个积极的、卓有成效的环境。对自己也是一样，如果总看到自己的优点，优点就会越来越突出，心态就会越来越好。当然，寻找自我优点的时候，千万别骄傲。

生活中别忘了阳光思维，拥有阳光思维，就拥有了快乐和幸福，拥有了开发自我潜能的重要基础。

（四）合理情绪

合理情绪（良好的、理智的情绪）是人精神与躯体健康的前提，是生命的基石；不合理情绪（消极、不愉快的情绪）会使心理失衡，导致心理障碍和身心疾病。不合理的情绪通常与"必须"、"应该"这类字眼联系在一起，如"别人必须很好地对待我"、"生活应该是很容易的"等；或者对自己全盘否定，如认为自己"一无是处""一钱不值"，是废物等。

【案例】

有一位同学，初中时各门功课都比较好，可中考却失利了，进入了职业学校。然而，他把读普高看成自己生活的唯一出路。进入职业学校后，悲哀、苦恼、绝望等不良情绪将他紧紧包围，他觉得像从天堂掉进了地狱，成天在恍惚中度过，恨自己不认真，觉得对不起自己，对不起父母，对不起老师，时间一天一天地过去，他的情绪没有丝毫地好转，反而越来越糟。最后，不得不休学回家了。可见，不合理情绪具有强大的破坏力，一旦受它控制，就会放弃努力，像木偶一样任其摆布，致使生活在痛苦之中。人烦恼时，判断力、理解力降低，甚至理智和自制力丧失，造成行为失常。

要充分开发自我的潜能，就要远离不合理情绪，用合理情绪来支配自己。那么，怎样才能保持健康合理的情绪呢？

1）培养幽默感。幽默感是帮助一个人适应社会的有益工具。当遇到困难或挫折时，既要能客观地面对现实，又要避免使自己陷入被动的状态，求得内心的安宁。幽默还是一种自我保护方法，幽默感强的人，其体内新陈代谢旺盛，抗病能力强，可以延缓衰老。

2）增加愉快生活的体验。生活中充满了喜怒哀乐，可以通过回忆那些积极向上的、愉快的生活体验，帮助自己消除不合理情绪，形成合理情绪，给情绪一个宣泄的机会。在情绪不安与焦虑时，不妨找好朋友说说，或者向日记诉说，或者是一个人面对墙壁，倾诉胸中的郁闷，把想说的都说出来，这样心情就会平静许多。

3）增加运动的机会。缺乏锻炼的人，其情绪的不稳定性远比经常锻炼的人高。经常参加锻炼，能够提高思维的敏捷性。通过运动，会把令人烦恼的东西丢在一边，转移了注意力，从而形成合理的情绪。那些懒于运动者，性格内向，往往容易压抑情绪。可见，运动不仅是一种肌肉的锻炼，也是一种情绪的放松。

在生活中，要根据自己的特点，主动地、有意识地自我调节情绪，抛弃不合理情绪，努力形成合理情绪。

主题练习

一、案例分析

卡耐基住在纽约的中心。但是从他家步行 1 分钟，就可到达一片森林。春天的时候，黑草莓丛的野花白白的一片，松鼠在林间筑巢育子，马草长得高过马头。这块没有被破坏的林地，叫作森林公园——它的确是一片森林，也许跟哥伦布发现美洲那天下午所看到的没有什么不同。他常常带雷斯到公园散步，雷斯是他的小波士顿斗牛犬，它是一只友善而不伤人的小猎狗，因为在公园里很少碰到行人，也常常不替雷斯系狗链或戴口罩。

有一天，卡耐基和他的小狗在公园遇见一位骑马的警察，他好像迫不及待地要表现他的权威。

“你为什么让你的狗跑来跑去，不给它系上链子或戴上口罩？”他训斥卡耐基，“难道你不晓得这是违法的吗？”

“是的，我晓得，”卡耐基回答，“不过我认为它不会在这儿咬人。”

“你认为不！法律是不管你怎么认为的，它肯定会在这里咬死松鼠，或咬伤小孩子。这次我不追究，但假如下次我再看到这只狗没有系上链子或戴上口罩在公园里，你就必须跟法官解释啦。”卡耐基客客气气地答应遵办。可是雷斯不喜欢戴口罩，卡耐基也不喜欢它那样。因此决定碰碰运气。事情起初很顺利，但接着却碰到了麻烦。一天下午，他们在一座小山坡上赛跑，突然又碰到一位警察。卡耐基决定不等警察开口就先发制人。他说：“警察先生，这下你当场逮到我了，我有罪。我没有托词，没有借口了，上星期有个警察警告过我，若是再带小狗出来而不替它戴口罩就要罚我。”

“的确是忍不住，”卡耐基回答，“但这是违法的”。

“像这样的小狗大概不会咬伤别人吧？”警察反而为他开脱。

“不，它可能会咬死松鼠。”卡耐基说。

“你大概把事情看得太严重了”他告诉卡耐基，“我们这么办吧，你只要让它跑过小山，到我看不到的地方——事情就算了”。

这个故事给我们什么启发？它提示了什么沟通技巧？

二、实训练习

请实践“声音的威力”：在打电话时，微笑着说话，听听对方有何反应，同时请你辨析对方是否在笑着通话。用一周时间进行微笑训练，要求自己每时每刻保持微笑，总结对方的反应以及自身的收获。

三、读读下面这个故事，思考后面的问题

1．小王看到别人都请客，也就学着请人到他家做客。可是请了半天只请到了3人，别的人都知道他是个“二百五”，不愿意到他家做客，饭菜做好之后，单等客人来齐就吃，可再等也没人再来。“二百五”说：“是咋啦，该来的没来，不该来的来了。”等了一会儿，又说：“不该来的来了，该来的没有来。”这时，一个客人心想：不该来的莫非指的是我？于是，站起来就走。“二百五”看他要走，急忙上前拉着他说：“别走了，多一个怕啥。”这样一说，客人挣脱他的手，加快脚步走了。“二百五”叹了一口气说：“唉，该走的没走，不该走的走了。”有一位客人想：这该走的一定是我。于是，他起身就走。“二百五”一把没拉住，那人已走了。“二百五”气急几坏地说：“你看这，我说的又不是他们。”第三位客人面红耳赤，马上冲出大门跑了。

为什么故事中的“二百五”请的客人全部都走了？想一想，在生活中，我们有没有与之类似的情况发生呢？我们应怎么样避免这样的尴尬发生？

2．查尔斯·史考特有一次经过他的钢铁厂，看到几个工人正在抽烟，而在他们的头上正好有一块大招牌，上面清楚地写着“禁止吸烟”几个大字。几个员工平时与其他员工难以相处，所以同病相怜，就聚到一块。对于员工出现的这种情况，如果你是史考特，您该如何处理？

四、论述题

1．如何理解“当代的文盲是不会学习的人”？

2．制定一份强化自身技能素质的计划书。

3．从电视、网络等媒介收集关于成功与挫折关系的名人名言，已经正确对待挫折取得成功的精彩故事，并做自我分析。

4．总结几点你学习中的成功经验。

五、故事感悟

两只青蛙在觅食时，不小心掉进了路边一只牛奶罐里，罐子里还有为数不多的牛奶，但是足以让青蛙体验到什么叫灭顶之灾。一只青蛙想：完了完了，全完了。这么高的一只牛奶罐啊，我是永远也出不去了。于是，它很快就沉下去。另一只青蛙在看见同伴沉没于牛奶中时，并没有放弃，而是不断告诫自己：“我有坚强的意志和发达的肌肉，我一定能逃出去。”它鼓起勇气，用尽力量，一次又一次奋起、跳跃——生命的力与美展现在它每一次的搏击与奋斗里。不知过了多久，它突然发现脚下的牛奶变得坚实起来。原来，它的反复跳动，把液状的牛奶变成了一块奶酪。不懈的奋斗和挣扎终于换来了自由的那一刻。它从牛奶罐里轻盈地跳了出来，重新回到绿色的池塘里。而那一只沉没的青蛙就那样留在那块奶酪里，它做梦都没有想到会有机会脱离险境。

这个故事给你什么启示？请结合自己的感想写一篇读后感。

主 题 三

烹饪专业核心素养

安全、营养是烹饪专业的两大核心素养，目前，每年都会有各种食物中毒事件相继发生，暴露出严重的食品安全问题。同时，随着人们生活水平的提高，膳食结构发生了很大变化，导致“三高”、肥胖、癌症等疾病的发病率逐渐升高，这就要求日后从事食品加工的烹饪专业学生必须具备一定的食品安全意识和科学饮食意识。

模块一　食品安全意识

国以民为本，民以食为天，食以安为先。食品安全的重要性是不言而喻的。食品安全工作是一个复杂的系统工程。对食品安全工作，党和政府历来高度重视，监管部门认真负责，行业协会积极参与，人民群众十分关心，社会各界普遍关注，食品质量不断提高，食品供应丰富多彩。食品安全是关系国计民生的重大问题，确保食品安全不仅是实现国民经济又快又好发展的基本条件，而且是促进社会和谐稳定的重要保障，同时还是确保国家安全的战略基础。

一、食品安全的概念及意义

从食品和食品安全的概念入手，阐明食品安全的内涵，以及食品安全对社会经济、文化等方面的意义所在。

(一) 食品安全的概念

食品（food）是指各种供人食用或饮用的成品和原料以及按照传统药食兼用但不以治疗为目的的物品。

食品是人类赖以生存和发展的物质基础，有“民以食为天”之说，它具有三项基本的功能：①营养功能，以提供人体所需的各种营养素；②感官功能，以满足人群不同的嗜好和食欲要求；③生理调节功能，以调节人体生理代谢，改善健康。而这些功能的发挥，必须以食品的卫生与安全为前提条件。

食品安全（food safety）指食品无毒、无害，符合应当有的营养要求，对人体健康不造成任何急性、亚急性或者慢性危害。食品安全也是一门专门探讨在食品加工、存储、销售等过程中确保食品卫生及食用安全，降低疾病隐患，防范食物中毒的一个跨学科领域。

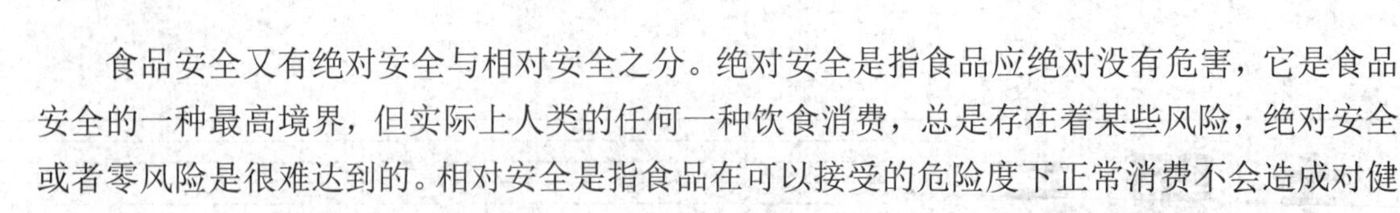

食品安全又有绝对安全与相对安全之分。绝对安全是指食品应绝对没有危害，它是食品安全的一种最高境界，但实际上人类的任何一种饮食消费，总是存在着某些风险，绝对安全或者零风险是很难达到的。相对安全是指食品在可以接受的危险度下正常消费不会造成对健康的损害。

“食品安全”一词是1974年由联合国粮农组织提出的。其主要包括三个方面内容：①从食品安全性角度看，要求食品应当“无毒、无害”。“无毒、无害”是指正常人在正常食用情况下摄入可食状态的食品，不会造成对人体的危害。但绝对的无毒无害是不存在的，允许少量含有，但不能超过国家规定的限量标准。②符合应当有的营养要求。营养要求不但应包含人体代谢需要的蛋白质、脂肪、碳水化合物、维生素、矿物质等营养素的含量，还应包括该食品的消化吸收率和对人体维持正常的生理功能应发挥的作用。③对人体健康不造成任何危害。这里的危害包括急性、亚急性或者慢性危害。

一种食品是否安全，与下列因素有关：①环境因素，如生产地的大气、土壤、水体质量；②人为因素，如农户对农药、化肥的施用，养殖企业对饲料添加剂、兽药、渔药的使用，加工单位添加的食品添加剂是否合理；③技术因素，包括监测技术、加工技术的先进性，配套设备的水平；④消费因素，食用方式是否合理、得当；⑤管理因素，如对食品质量的分析检测频率，对违法行为处罚的力度与威慑力，食品安全信用体系、溯源管理、预警系统的建立等。可见，只有从农田到餐桌实施全程质量控制，才能保证食品的卫生与安全。

（二）食品安全的意义与作用

食品安全问题是关系到人民健康和国计民生的重大问题。我国在基本解决食物“量”安全的同时，食物“质”的安全越来越受到全社会的关注。保证食品安全，是公共卫生和食物保障系统的一个关键和基本的组成部分。在当今社会，食品安全已不仅仅是一个国家的问题，而是所有国家面临的一个带有根本性的公共卫生问题。

每一个人都知道美国拥有世界上最安全的食品供应体系，但每年暴发的食源性疾病损害数百万美国人的健康。它每年花费社会数亿美元的财富，主要以医疗费用、失业、劳动能力下降、律师费、罚款损失、增加的保险费、生意损失和声誉损失的形式表现出来。当食源性疾病的暴发被媒体披露后，消费者的信心会下降。受食源性疾病牵连的食品经营企业也可能会遭到管理机构更频繁的监督检查。一场食源性疾病的暴发会对该食品经营企业的拥有者、管理人员及从业人员产生负面影响，同时也会对其他食品行业产生负面影响。

议一议

食品安全是小题大做吗？

想一想

“食品安全”与“食品卫生”两个概念的区别是什么？

二、食品安全的内容

掌握食品安全包括的具体内容及分类，能针对具体的食品安全事件进行分析，并能对可能出现的食品安全危害进行预防控制。

【案例】

酵米面中毒事件

2006 年 4 月 10 日上午，贵州省册亨县八渡镇陈来正一家六口中毒病危。到底是什么原因导致陈家六口同时中毒呢？在对陈家住所的检查中，公安人员发现了一家人吃剩的汤圆，汤圆是用酵米面做的。

在我国南方，特别是农村，人们一般把黏玉米浸泡在水中，经过 10 到 30 天的发酵，产生酸臭味，然后湿磨成浆，过滤后晾晒成粉末，就成了酵米面。用这种黏玉米发酵成的酵米面，可以做汤圆，可是当气温高湿度大时，如果发酵超过十天，酵米面就会被黄杆菌污染。

据中毒者陈来正的哥哥回忆，4 月 9 号中午，弟弟一家人吃了酵米面汤圆，而那些做汤圆的酵米面已经在不透气的塑料袋里放了 15 天，那几天，他们那儿的气温有 30 多度。

陈来正的哥哥说，吃了以后到下午三点钟左右，我弟媳就开始有一点恶心，想吐，没有吐出来。4 月 11 日下午 5 点，陈来正 12 岁的大儿子抢救无效死亡。当晚 11 点，14 岁的大女儿也因中毒太重，抢救无效死亡。四个小时之后，10 岁的二女儿也离开了这个世界。在接下来的 4 天里，陈来正和他的妻子也因酵米面中毒，相继去世。

酵米面黄杆菌有一个主要特点，就是在 30 度左右的高温高湿环境下产生，而一旦毒素产生，120 度以下的高温都无法将它杀死。

酵母面黄杆菌的毒性到底有多强呢？医院为我们进行了小白鼠试验。只见给小白鼠灌食含有酵米面黄杆菌的面汤五分钟后，小白鼠开始表现出烦躁，10 分钟后开始抽搐，很快死亡。

食源性疾病的预防和控制是一个世界范围的问题。与其他任何一类疾病相比，由致病性微生物和其他有毒有害生物引起的食源性疾病是危害最大的一类。餐饮业应重点做好厨房食物中毒的预防工作。

(一) 食源性疾病的类别

食源性疾病是指由食物摄入而进入人体内的各种致病因子引起的、通常具有感染或中毒性质的一类疾病。

1. 食源性疾病的要素

造成食源性疾病的三个要素包括：传播疾病的媒介——食物；食源性疾病的致病因子——食物中的病原体；临床特征——中毒性或感染性表现。

2. 食源性疾病的类别

食源性疾病源于食物中毒，但随着人们对疾病认识的深入和发展，其范畴也在不断扩大，它既包括传统的食物中毒，还包括因食物而感染的肠道传染病、人畜共患传染病、食源性寄生虫病以及食物过敏。

食源性疾病的致病因子类别包括：①细菌及其毒素；②寄生虫；③病毒；④有毒动物；⑤有毒植物；⑥真菌毒素；⑦化学性污染物。

(二) 食源性疾病的起因及控制

食源性疾病的起因：在餐饮业，食源性疾病常由原料选购和处理不当，烹调不彻底、食品保藏不当及成品污染等原因引起。掌握病原生物可能在餐饮食品中出现的规律性，在餐饮食品的生产实践中采取各种有效的控制措施，就可以做到防患于未然。

食源性疾病的预防：各类食源性疾病，其病原体种类、在食品中的分布、烹饪的杀灭效果均有不同，预防措施也有区别。预防食物中毒，重点在于控制污染源、抑制病菌繁殖、杀灭病原体。预防食源性传染病，重点在于隔离病人，切断传播途径，以及进行人群的免疫接种。预防食源性寄生虫病，重点在于原料肉的兽医卫生检验，蔬菜的洗涤。

【案例】

染色馒头是通过回收馒头再加上着色剂而做出来的。2011 年 4 月初，“消费主张”节目指出，在上海市浦东区的一些华联超市和联华超市的主食专柜都在销售同一个公司生产的三种馒头，高庄馒头、玉米馒头和黑米馒头。这些染色馒头的生产日期随便更改，食用过多会对人体造成伤害。

想一想

食源性危害具体有哪些方面内容？

(三) 食源性危害的定义

食源性危害指的是某些与食物一起被食用后会导致疾病或伤害的生物、化学或物理性的危险因素。即食品安全危害包括生物危害、化学危害及物理危害。

(四) 食源性危害的分类

食源性危害的分类见图 3-1。

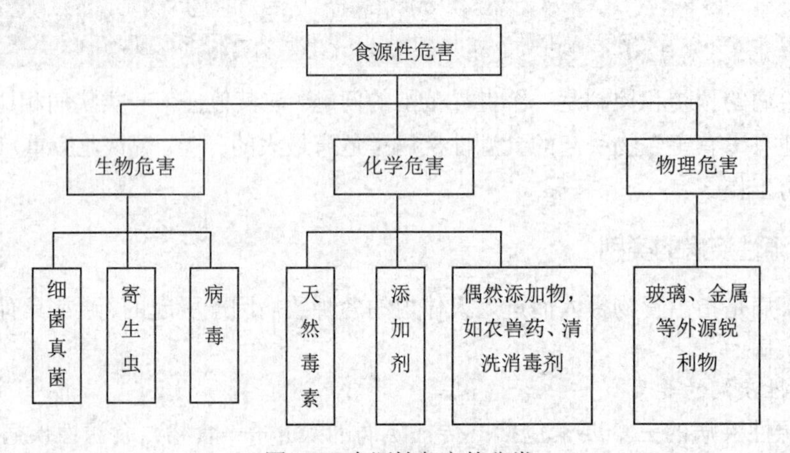

图 3-1 食源性危害的分类

1. 生物性危害

生物性危害包括细菌、病毒、寄生虫和真菌。这些生物体非常小，只能借助显微镜才能看到。生物性危害常常与人或进入食品经营企业的原材料有关。细菌是单细胞微生物，它的增值需要食物、水分和温度。细菌能引起食源性感染、中毒和毒素介导的感染。这些生物体内的大多数可天然存在于食物的生长环境中。正确烹调可杀灭这些微生物，在冷冻环境中运输和储存可抑制其生长。

到目前为止，生物性危害是整个食品工业中最严重的食源性危害。它们引起大多数食源性疾病，是食品安全计划的主要控制目标。

2. 化学性危害

化学性危害是指天然存在或在食品加工过程中人为添加的毒性物质（表 3-1）。化学性污染物的例子包括农用化学品（即杀虫剂、肥料、抗生素）、清洁用化合物、重金属（铅和汞）、食品添加剂和食物致敏原，高浓度的有害化合物可引起严重中毒和变态反应，千万不要把这些物品与食品放在一起。

表 3-1　化学性危害的分类

天然存在的化学物质	致敏原 西加毒素 霉菌毒素 鲭精毒素 贝类毒素
人造化学物质	清洁剂 食品添加剂 农药 重金属

（来源：FDA《食品法典》）

3．物理性危害

物理性危害是指食品在生产、储存、流通的过程中，随着不卫生的环境或不当的处理方式而侵入或混入食品中，导致疾病和伤害的硬质或软质外来物质。它们包括碎玻璃、金属、牙签、珠宝、胶布绷带和头发等物品。这种影响食品安全的物理性有害物质，通常为固形物或半固形物。

物理性危害常常来自偶然的污染和不规范的食品加工处理过程。它们能发生在从生活到消费这个食物链条的各个环节点。

来自食品原材料物理性危害的有：叶子、枝茎、贝壳、树籽、草籽、木屑、小石头、害虫等；来自食品生产过程的物理性危害的有：牙签、头发、指甲、玻璃、金属屑、珠宝、绷带、害虫残肢、害虫粪便、包装物料、设备小配件、骨头、果核等；来自人为失误造成的物理性危害的有：钉书钉、假牙、金属屑、指甲、设备小零件等。

想一想

各种食源性危害的预防措施是什么？

三、食品安全意识的养成

烹饪行业的从业人员要有健康的身体素质，要养成良好的卫生习惯和操作规范，才能保证所供应食品的卫生质量符合规定的要求。

餐饮从业人员的洁净和个人卫生对食品安全非常重要，不讲卫生的从业人员将会污染其所生产加工的食品。

众所周知，即使健康人也可能是有害微生物的携带者。因此，良好的个人卫生习惯（见表 3-2）是从事食品加工工作的必备条件。

表 3-2　良好卫生行为习惯

行为习惯	内容
洗手	了解正确的洗手时间和方法
穿着	穿戴干净的工作服
个人卫生	保持良好个人卫生习惯（洗澡、洗/剪头、清理修剪指甲、便后洗手等）
健康习惯	保持健康，生病要及时报告以免传播疾病

(一) 洗手

污染手指的细菌与食品卫生关系密切的主要是金黄色葡萄球菌和肠杆菌科细菌。金黄色葡萄球菌在健康人的鼻腔内分布较多，当用手接触鼻部或擦鼻涕时，手指必然受到污染。另外金黄色葡萄球菌还广泛地分布于人体。据调查，30%的炊事员皮肤上可分离到该细菌。

痢疾、伤寒等各种病原菌和甲型肝炎病毒，都是经口感染的，在污染食品时，多与手指的接触机会有关。这些细菌的带菌者在上厕所后，通过浸透，手指就可能被污染。当人们患水样便腹泻时，这种浸透作用更加显著。

说手是食品制作人员最基本的卫生要求。日常生活中的洗手在去除细菌数方面效果不好。在厨房间内，烹调食品时，必须突出对手消毒的意义和科学的洗手方法。

1）规范的洗手程序。①在水龙头下先用水（最好是温水）把双手弄湿；②双手涂上洗涤剂；③双手互相搓擦 20s（必要时以干净卫生的指甲刷清洁指甲）；④用自来水彻底冲洗双手，工作服为短袖的应洗到肘部；⑤用清洁纸、卷轴式清洁抹手布或干手巾擦干双手；⑥关闭水龙头（手动式水龙头应用肘部或以纸巾包裹水龙头关闭）。

2）洗手具体方法。依次为掌心对掌心搓擦、手指交错掌心对手背搓擦、手指交错掌心对掌心搓擦、两手互握搓指背、拇指在掌中转动搓擦、指尖在掌心中搓擦（见图 3-2）。

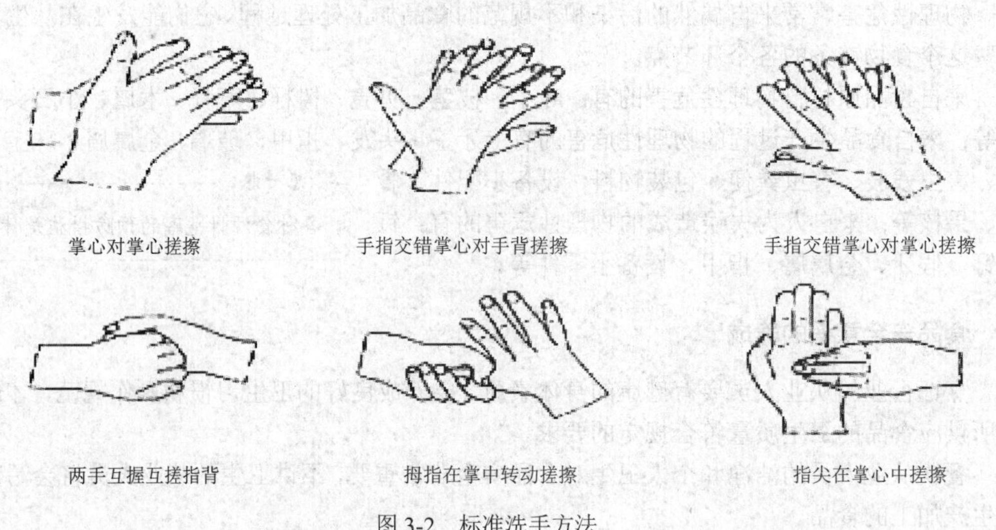

图 3-2　标准洗手方法

3）洗手设施。洗手池也应该专用，要配备洗手盆、指甲刷，擦干用的纸巾或干燥机。洗手时要确保指甲修剪得很短（1mm 以内），洗手时将指甲擦洗干净，制作食品时指甲上不得留有指甲油。对皮肤表面的裂缝、沟纹处以及指甲周围和指关节处，更要仔细刷洗。

4）手消毒的方法。清洗后的双手在消毒剂水溶液中浸泡 20～30s，或涂擦消毒剂后充分揉搓 20～30s。推荐的洗手消毒剂有 0.3%～0.5%碘伏、0.1%新洁而灭、75%乙醇。

对烹制冷菜进行切配、装盘时，厨师的手指洗涤、消毒极为重要。在没有消毒皂时也可使用酒精棉球擦拭消毒。先将 4～5cm^2 的脱脂棉或纱布用市售医用酒精［乙醇 75%（体积分数，v/v）］浸泡于广口瓶中备用。手指经仔细洗涤后干燥，再用浸过乙醇的脱脂棉球或纱布反复擦拭即可。注意不能在洗手后潮湿状态下擦拭，以免乙醇浓度降低，杀菌力减弱。

即使经过洗涤，手上也未必完全除菌，应尽可能避免手与食物的接触。取用烹制过的食品时应使用合适的夹子或刀具，取用消毒过的盘子应抓盘子边缘。

5）手指的保护。有时因洗手次数多，合成洗涤剂使用方法不当，引起手指的皮脂膜消失，角质外露，皮肤层状剥离，致使开裂。手指皮肤开裂反而会使病原菌污染增加，这与洗手的目的相反。可选用雪花膏等护肤品，它们能增加角质层水分，其油脂成分能防止皮肤水分挥发，避免异常干燥及开裂。与大量合成洗涤剂接触时，最好戴上防水手套。

6）水洗的除菌效果。流动水洗手的方式细菌残存率较低，而使用打来备用的水洗手残存率较高。肥皂洗手时，把细菌从指甲缝和皮肤的凹陷部位洗涤出来，细菌数可能会更多。即使使用肥皂和流动水洗手，也不可能彻底除菌。要彻底除菌，必须对手进行消毒。

7）应洗手的情形。为保持手的卫生，在操作过程中应注意：①禁止抽烟；②禁止用手挖耳、掏鼻、抓搔；③禁止梳洗头发；④禁止用手指蘸食物尝味，或用舔过的手指去分食品；⑤手上的伤口和溃烂处必须用防水敷料包扎好，并定期换洗，如有浓毒性伤口、疖子、睑腺炎、甲沟炎等疾病，必须停止制作食物的工作，直到完全痊愈为止。（具体洗手指导参见表 3-3）

表 3-3　洗手指导

以下情况必须洗手：
食品制备前
接触身体后
使用厕所后
咳嗽、喷嚏、抽烟、饮酒、吃饭及食用手绢和卫生纸后
食品制备时，生食品和即食产品操作转换之间
任何可能污染手的行为后（丢垃圾、擦柜台或桌子、使用清洁剂、捡起掉地的物品等）
抚摸或接触动物后

（来源：FDA《食品法典》）

8）洗手消毒设施的要求。我国《餐饮服务食品安全操作规范》对洗手消毒设施的要求的规定是：①食品处理区内应设置足够数目的洗手设施，其位置应设置在方便从业人员的区域；②洗手消毒设施附近应设有相应的清洗、消毒用品和干手设施。员工专用洗手消毒设施附近应有洗手消毒方法标示；③洗手设施的排水应具有防止逆流、有害动物侵入及臭味产生的装置；④洗手池的材质应为不透水材料（包括不锈钢或陶瓷等），结构应不易积垢并易于清洗；⑤水龙头宜采用脚踏式、肘动式或感应式等非手动式开关，并宜提供温水；⑥就餐场所应设有数量足够的供就餐者使用的专用洗手设施。

（二）穿戴及服饰

工作时，必须穿戴好清洁的工作服、工作帽，保持整洁，头发不得外露，不得穿工作服进入与生产无关的场所及上厕所。如工作中到另一不同卫生要求的场所（如原料间），应更换工作服。冷菜切配操作时宜戴口罩及手套。

1）对从业人员工作服的要求。①工作服（包括衣、帽、口罩）宜用白色（或浅色）布料制作，也可按其工作的场所从颜色或式样上进行区分，如粗加工、烹调、仓库、清洁等；②工作服应有清洗保洁制度，定期进行更换，保持清洁。接触直接入口食品人员的工作服应每天更换；③从业人员上厕所前应在食品处理区内脱去工作服；④待清洗的工作服应放在远离食品处理区；⑤每名从业人员应有两套及以上工作服。

2）更衣场所要求。①更衣场所与加工经营场所应处于同一建筑物内，宜为独立隔间，有适当的照明，并设有符合本规范本条第八项规定的洗手设施；②更衣场所应有足够大小的空间，以供员工更衣之用。

（三）人员的健康要求

1）取得健康证。新参加或临时参加工作的人员，应经健康检查，取得健康合格证明后方可参加工作。凡患有痢疾、伤寒、病毒性肝炎等消化道传染病（包括病原携带者），活动性肺结核，化脓性或者渗出性皮肤病以及其他有碍食品卫生疾病的，不得从事接触直接入口食品的工作。

2）定期接受体检。每年至少进行一次健康检查，必要时接受临时检查。发现疾病后要采取积极防治措施。从业人员有发热、腹泻、皮肤伤口或感染、咽部炎症等有碍食品卫生病症的，应立即脱离工作岗位，待查明原因、排除有碍食品卫生的病症或治愈后，方可重新上岗。应建立从业人员健康档案。

（四）个人习惯要求

个人卫生是指良好的健康习惯，如洗澡、洗头、着装整齐、经常洗手等，不良的卫生习惯是食品安全的严重隐患。如就餐或吸烟时，手指可能沾上吐沫、汗液或其他体液，如果掉到食品中，就可能成为有害污染源。

平时要勤洗澡，勤换衣服，勤理发，不得留长指甲和染指甲油，上班时不得戴戒指、项链等首饰物品，不得涂抹有浓烈芳香气味的化妆品。

（五）厨师的操作规范

1）切配要求：切配和烹调实行双盘制。配菜的盘、碗，在原料下锅、烹调时撤掉，换用消毒后的盘、碗来盛装烹调成熟的菜肴。

2）品味要求：在烹调操作时，试尝口味应用小碗或汤匙，尝后余汁一定不能倒入锅中，如用手勺尝味，尝完应立即洗净。

3）操作要求：配料的水盆要定时换水，案板菜橱每日刷洗一次，菜墩用后要立放。炉台上盛调味品的盆、油盆、淀粉盆等在每日打烊后要端离炉台并加盖放置。淀粉盆要经常换水，油盆要新、老油分开，每日滤油脚一次，酱油、醋每日过箩筛一次，夏秋季每日两次，汤锅每日清刷一次。烹调过程中应重视抹布、刀板的卫生。抹布要经常搓洗，不一布多用，菜板应勤刮洗消毒。

（六）厨房用具的要求

1．菜板

（1）菜板的材质要求

木制板特点与要求：木制板一般常使用柏木、厚朴木、银杏木等，切配过程中，细菌和食品的浸出物与水一起浸入，往往成为细菌的良好滋生地。即使经过仔细清洗，其效果也只是表面性的，要想除净木质中的细菌是难以做到的。即使用洗涤剂洗涤，用刷子刷，侵入木质中的脏物和细菌事后还会浮现出来。而干燥能防止这些污染物的浮出。案板即使经过煮沸消毒或开水烫洗，也要迅速晾干。加工生鱼片时不宜使用木质砧板。

合成树脂菜板特点与要求：合成树脂菜板有时产生红色斑点，是由于某种细菌产生的色素引起。用洗涤剂很难除净，但可以放在日光下曝晒消毒。合成树脂菜板与台面摩擦力小，比较滑，中间可加一层垫布以加强菜板的稳定性。但如果垫布脏，也可能会遭致细菌性食物中毒事故的发生。如不用垫布，可设计使用清洁宽幅的橡皮垫，以加强其稳定性。

揭层菜板特点与要求：即经过适当处理后将表层揭去。通过揭去旧面换新面，这样可解决菜板表面易破损、易肮脏及难以去掉污物的问题。

（2）菜板的洗涤与消毒

1）菜板洗消的方法：①使用中性洗涤剂、用热水及炊帚刷仔细擦洗后进行水洗的方法；②用去污粉代替中性洗涤剂的方法；③在加热水洗涤后，在浓度为200 mg/kg的NaClO溶液中浸泡5 min的方法；④清洗后煮沸法和蒸汽消毒法（5 min以上）；⑤经清洗及上述方法消毒后，在使用前应再用同样的方法重复消毒一遍，以确保使用前带菌量最低。其中杀菌效果最为有效的方法是清洗后煮沸或者蒸汽消毒的方法。

2）菜板的洗消程序：①在炊帚上沾上洗涤剂，仔细擦去油脂；②用刀的背面削去菜板的破损部分；③用流动水把洗涤剂洗净；④将清洁的抹布置于菜板上，抹布上浇上消毒液；⑤静置放置5 min以上；⑥用流动水冲去消毒液；⑦消毒的抹布用流动水充分冲洗，拧干后用于擦拭菜板。

3）合成菜板的消毒：合成菜板虽然具有耐热性，但经过反复煮沸消毒后，稳定性下降，可能出现破损，所以只适宜轻微煮沸消毒，可与NaClO溶液并用。

4）菜板的干燥：无论用哪种方法进行杀菌消毒，如潮湿放置，残存的细菌经过一定的时间后仍能繁殖起来，并恢复至原有数量，所以清洗后要迅速干燥。

5）菜板的专用与标记：由于切配的原料及其加工的方法不一样，附着于食品上的细菌各有其特点，对鱼贝类、熟肉类、蔬菜类的切配，菜板宜各自专用。菜板的类型、颜色、大小等要能清楚地加以识别。

6）菜板的放置：大的砧板可用三角架支放，小菜板应吊挂或侧放，使其底部通风透气，以防止使用日久后木质发霉腐烂。

2. 抹布

（1）抹布的要求

抹布多用来擦拭案板、揩工具、抹炒勺、工作台，有时还用来擦抹盘、碗甚至手。炊事员的抹布往往不能保持清洁，处于黏糊油臭状态，与厨刀一起，成为食源性疾病的主要媒介。对此，应当强调其清洗、杀菌、消毒和干燥的重要性。

抹布一般以漂白的棉布为主，也有人造丝织品、及丝麻混纺织品。根据用途不同，有时也以毛巾代替。抹布的基本要求是吸水性和吸污力要好，脏物易除净，干燥速度要快，并且适合擦拭食具和食品用容器。

随着高科技的广泛应用，厨房用具日新月异，呈现出功能化、智能化、装饰化等发展趋势，各种高科技厨具正逐步走向餐饮业，如烹调专用纸、太阳能厨用冰箱、自动激光切菜机、多功能微波炉、智能炒菜锅等。它们不仅大幅度减轻厨师的劳动强度，而且可以改善厨房的卫生条件，美化烹饪环境。

（2）抹布的消毒与维护

为了使抹布长期使用，常将用过的抹布作漂白处理。其方法是将抹布浸泡在5%～6%的

NaClO 原液或其原液的 1/2 稀释液中浸泡 5～6 h。洗涤时要戴橡胶手套，并使用塑料容器，以免手和金属容器遭到漂白剂的腐蚀。

抹布在含水分的情况下，易诱使细菌繁殖。抹布上的菌落总数一般在 10^6～10^7cfu/cm^2，大肠菌群在 10^3～10^6 个/cm^2。有试验表明，抹布上附着并繁殖的葡萄球菌通过清洗会减少一定数量，而如采用消毒措施和干燥处理效果则更好。

可用煮沸消毒、蒸汽消毒、漂白剂消毒等方法。煮沸消毒为 30 min，高压灭菌器消毒为 15 min，蒸汽消毒为 15～20 min。漂白剂消毒可用 0.5%NaClO 溶液中浸泡 10 min，它比对抹布漂白处理时所用的浓度要低得多。

对消毒过的抹布如果立即投入使用，则应弃水，可戴手套拧干。对来不及干燥的抹布，应在消毒后，将抹布叠好，并保存在冷藏室等处。对已煮沸过的抹布，不能再用洗涤盆洗涤。

抹布要经常干燥处理，可使用紫外线干燥、日光干燥、风干等方法。室外干燥（日光干燥）比室内干燥（沥干）费时少，带菌量低。干燥机干燥则效果更好。

（3）抹布在使用过程中的维护

抹布要经常换用，抹布特别易脏，常常处于潮湿的状态。抹布上稍带有食物碎屑，就成为细菌的良好繁殖源。有异臭的抹布细菌数更是多不可计。随抹布使用时间的延长，这些污染菌会不断增殖。它们再经过操作者的手、餐具、案板等传播，极易引起交叉污染。为了防止污染，应经常换用经洗涤消毒过的干燥抹布。

抹布要提倡专用，抹布不能一布多用，以预防微生物的交叉污染及食物中毒等食源性疾病的发生。在烹调前的准备阶段，应根据使用场所，使用目的的不同，准备各自专用的抹布，并分别使用。例如专用于切肉片的抹布，专用于切鱼片的抹布，专用于蔬菜和其他原料的抹布，专用于切熟食品的抹布，专用于擦手的抹布等。对厨房间的餐具和已盛装熟食品的盘子边缘，尽量不用抹布去擦拭，以防止食品受到污染。另外，为了防止抹布的错用，最好预先在颜色上加以区分，标出用途，易于识别，防止错用。

正确使用抹布应作为职工卫生知识培训的重要内容。据了解，一些人对抹布的清洁维护缺乏应有的认识。白抹布一转手就成了黑抹布，如直接用抹布抹油锅、掏炉膛。在他们的手里，抹布成了“万能抹布”。其实抹布在多数情况下只有控干水分的功用、要改“万能”为专用，并坚持不懈，才能把好病从口入关。

（4）抹布的分类管理

① 用于擦拭餐具（如供客人使用的碗、盘）的布，必须是清洁的、干的，禁止挪作他用。

② 用于擦拭炊事用具、厨房设备和与食品接触的面的湿布或海绵必须干净，而且经常用专用的消毒液漂洗，并禁止挪作他用。

③ 用于擦拭不与食品直接接触的面（如餐桌、柜台、餐具柜等）的湿布或海绵应当是清洁的，并加以漂洗，不许挪作他用。不用时，应保存在消毒液中。

想一想

抹布在使用时还需要注意哪些问题？

3. 刀具

刀在使用前，首先应保持锋利和清洁。磨快的刀如暂时不用，应置于搁架上，而不宜放于抽屉中。刀刃不可接触硬的器具，以免损伤刀口。要避免刀刃对着人体或过道。清洁时可用抹布擦拭，但并不安全。更适合用温开水洗涤，以去除残存的食物碎屑及细菌。洗涤水温度不宜过高（如沸水），否则可能会软化钢刀的刀刃。铁刀因为硬度大而不受影响。

模块二　科学饮食意识

当前，人们的生活已由吃饱向吃好转变，已不再满足于温饱，而是注重讲究合理营养。但是现实生活中，人们对营养与健康的认识还不全面，甚至存在很大的偏见，同时也由于各地的经济发展水平不同，使得在某些地区出现多种营养缺乏症甚至严重的营养不良：如缺铁性贫血、佝偻病、维生素 A 缺乏、维生素 B_1 缺乏、维生素 B_2 缺乏、碘缺乏病等。一些地区又存在营养素摄入过多或失调造成的所谓“文明病”“富贵病”，如肥胖症、心脑血管病、糖尿病等。甚至癌症的发生也与不合理的饮食习惯、营养不均有密切的关系。作为将来从事食品生产加工的烹饪专业学生，尤其需要懂得合理膳食的理念和合理烹调的要求，走上工作岗位后才能更好地为消费者服务。

一、合理膳食

现代人的膳食不合理更多地表现为营养过剩的问题，如摄取热量过多，脂肪、胆固醇、糖过高，相应摄入的膳食纤维少，同时运动少、消耗少，于是合理膳食就显得尤为重要。

（一）合理膳食的理念

膳食的科学要求是，一日三餐所提供的营养必须满足人体的生长、发育和各种生理、体力活动的需要，同时不能过量。俗话说，过犹不及，用在合理膳食上也同样成立。合理膳食必须具备的三个要素为：①供人体需要的足够营养素：蛋白质、脂肪、糖类、无机盐、维生素、水和纤维素，这七大营养素，一个也不能少；②食物品种多样以达到蛋白质等各种营养素互补；③营养素之间的比例要平衡。一般认为，三大营养素比例，即糖类与蛋白质、脂肪的比例，应为 6∶1∶0.8。

人类的食物多种多样，根据其来源与营养的特点可分成五类。第一类是谷类、薯类，主要提供糖类、蛋白质和 B 族维生素，是中国膳食的主要热能来源；第二类是动物性食品，如肉、禽、蛋、鱼、乳制品等，主要提供蛋白质、脂肪、矿物质、维生素 A、B 族维生素以及必需脂肪酸；第三类为大豆及其制品，主要提供蛋白质、脂肪、纤维素、矿物质和 B 族维生素；第四类为蔬菜和水果，主要提供纤维素、矿物质、维生素 C 和胡萝卜素；第五类为纯熟的食物，包括动物油脂、各种食用糖和脂肪类，主要提供热能和必需脂肪酸。

人类的食物种类虽多，但除母乳外任何单一食物都不能在质和量上满足人体对营养的需要。因此，需将不同种类的食物合理搭配。以成人的每天膳食为例，一般需要粮豆类 350 克，蔬菜、水果 500 克，奶及奶制品 200～300 克，肉鱼蛋 50～100 克，再加入适当的油、盐、糖。这些恰好包括了上述五大类食物。因此，这五大类食物应该看作是人所需食物的主要支柱。

（二）合理膳食的四个“五”

严格地讲，合理膳食并不是一个全新的概念，早在两千年前祖国医学就提出类似的观念以指导生活与治疗。如《素问・脏器法时论》中有这样的记载：“毒药攻邪，五谷为养，五果为助，五畜为益，五菜为充，气味合而服之，以补益精气。”这就是说，治疗时除了运用药物祛邪外，还必须利用谷、肉、果、菜等食物以补益精气，营养身体，增强抗病能力，才能确保健康。

唐代王冰注解说，五谷为粳米、小豆、麦、大豆及黄黍；五果为桃、李、杏、栗、枣；五畜为牛、羊、猪、犬、鸡；五菜为葵、藿、薤、葱、韭等。实际上包括了谷类、豆类、果品类、畜禽类、蔬菜类。这也就是合理膳食的具体内容，并且显示了很强的科学性。

人们习惯将食物分为两大类，即主要供给人体热能的热力食品，在我国主要是粮食，也叫主食；另一类主要是更新、修补人体的组织，调节生理功能的保护性食品，即副食。副食主要指含蛋白质、矿物质和维生素丰富的食物，如动物性食物、大豆及其制品和蔬菜、食油等。

“五谷为养”，米、麦是我国人民的主食，人体所需要的有 80%左右的热能和 50%左右的蛋白质是由粮食供给的，全谷制成的食品，是 B 族维生素的重要来源，同时还供给无机盐。黍为有黏性之稷，稷米即高粱米，我国产的高粱米中脂肪及铁的含量均比稻米多。小米所含的蛋白质、脂肪和铁，也比稻米高，维生素 B_1、维生素 B_2 亦很丰富。豆类所含的蛋白质质量高，它的氨基酸组成基本上符合人体需要，其中赖氨酸很多，营养价值高。谷类含淀粉最多，蛋白质次之，供给机体的主要是糖，而豆类则含蛋白质多，脂肪次之，供给机体的主要是蛋白质。两者混食，就可以互相补偿，提高营养价值。

“五畜为益”，“益”是增进，有益。五畜是动物性食品，主要供给蛋白质及脂肪，而且畜类的蛋白质质量较高，可与谷类蛋白质互相补足。动物性食品，亦是人体脂肪的主要来源。中医将其视为“血肉有情之品”，补益作用确比草木之类为佳。但是，长期高脂饮食，也会带来危害，所以提倡宜“谨和五味”，不可“贪嗜太过”。

“五菜为充”，“充”是补充、完备的意思。蔬菜富含水分、无机盐、维生素、粗食物纤维等。膳食中的胡萝卜素和抗坏血酸，大都来自蔬菜。粗食物纤维包括纤维素、半纤维素及非糖类的木质素等，不能被人体胃肠道的分泌液所消化，能促进消化液的分泌及胃肠的蠕动，帮助消化和排泄，改善大便习惯，并增加大便的排出量。中医认为，蔬菜就有疏通的含义，而如果人体上下内外闭塞，将会患痔疮、糖尿病、结肠过敏、动脉粥样硬化和冠心病等疾病，而多吃蔬菜就会减少这些病的发生。在叶菜类中，叶酸、胆碱、维生素 K 和钙、磷、铁等盐类含量较高，其所含之铁，易被机体较好地吸收、利用，可作为贫血患者之膳食。

“五果为助”，果品类含丰富的无机盐和维生素，与蔬菜相似。但由于蔬菜要烹煮，维生素往往被破坏，水果则不必烹煮，可以生吃，所含之维生素不致损失，并且果皮所含的维生素量高于果肉，吃时最好不去皮。

应该说，古人总结出来的这些膳食原理，对指导今天的合理膳食也非常有意义。

（三）合理膳食的十大平衡

1）主食与副食的平衡。在国人的习惯上，主食多指粮食类的功能食物，副食则多指肉、禽、蛋及蔬菜、水果等食物。过去人民的生活水平低，没有条件吃得好，能吃饱就不错了，在那个时期粮食类的主食摄入占主流，而动物性食物摄入过少。生活水平提高后，一部分人的粮食越吃越少，甚至以肉当饭，植物性食物摄入过少。应该说，这两种情况都属于没做好主食与副食的平衡。

2）呈酸性食物与呈碱性食物的平衡。常见的呈酸性食物包括：肉类、禽类、鱼虾类、米面及其制品；常见的呈碱性食物包括：蔬菜、水果、豆类及其制品等。人体的酸碱度应保持在一个相对稳定的水平上，才能保证各种生理功能得以正常运转。若膳食中过度摄入酸或碱，就会破坏原有的平衡，造成健康方面的问题。现实中有人偏好某些食物，对喜欢吃的食物不顾一切地吃，对不感兴趣的食物碰也不碰，这种情况最容易造成体内酸碱失衡。

3）饥饿与饱食的平衡。我国的古人早就认识到，太饥则伤肠，太饱则伤胃。可见无论过饥还是过饱，都会对健康造成伤害。有些人遇到好吃的食物，就无所顾忌地猛吃，把胃塞得满满的；如果没有合口味的食物，宁愿不吃，让胃空空的；甚至为了减肥，或者忙于工作顾不上吃饭，使胃肠长期处于空的状态。结果是饥饱不均，影响胃肠功能，日久就会得慢性消化道疾病。

4）精细与粗杂的平衡。随着加工水平的提高，主食的精细化已越来越普遍。精细加工的粮食要比粗加工的粮食口感好得多，所以精加工主食也被人们作为生活水平高的标志。但精细加工的粮食，其所含维生素将大部分丧失，属于为了口感而丧失营养的典型代表。而粗加工的粮食与杂粮，就不存在这个问题。长期吃精米、精面，会导致B族维生素的缺乏，诱发疾病。因此，饮食要搭配吃些五谷杂粮，食物搭配多样化，使营养更全面。

5）寒与热的平衡。食物也有寒性、热性、温性、凉性之别。中医所谓“热者寒之，寒者热之”，就有要取得平衡的意思。夏天炎热，喝碗清凉解暑的绿豆汤；冬天寒冷，就喝红小豆汤；受了外感风寒，回家吃碗放上葱花、辣椒的热汤面；吃寒性的螃蟹一定要吃些姜末，吃完还要喝杯红糖姜汁水；冬天吃涮肉，一定要搭些凉性的白菜、豆腐、粉丝等，这些都是寒者以热补、热者以寒补的平衡膳食的方法，如果破坏了这种平衡必然伤身。

6）干与稀的平衡。有些人吃饭只吃干食，这不仅影响了肠胃吸收的效果，而且容易形成便秘。而光吃稀的，则容易造成维生素缺乏。每餐有稀有干，不仅吃着舒服，到了肠道也易消化吸收，何乐而不为呢？

7）摄入与排出的平衡。摄入与排出的平衡是指吃进去饭菜的总热量，要与活动消耗的热量相等。摄入少排出多，或摄入多排出少，都对健康不利。多数人的问题是摄入多排出少。于是，每天吃进的食物营养过剩，日积月累，多余的热量及各种代谢产物，必然会在体内蓄积。人体中脂类物质多了，就会沉积在血管壁上，使血管变硬变窄；糖的过量摄入会耗竭体内的胰岛素，损害胰岛细胞；蛋白质过剩会蓄积在肠道，所产生的毒素，在体内循环不已，影响肾脏排泄。

8）动与静的平衡。动与静的平衡是指食前忌动、食后忌静。不少人在经过较大运动量后，就急于吃东西，这是相当有害的。因为运动会使血液重点分布在运动系统，造成胃肠道相对缺血，此时吃东西会造成消化不良。吃饭后一定要多多活动，一能帮助消化吸收，二能舒活筋骨，消除疲劳，但是不要太剧烈。

9）情绪与食欲的平衡。进餐前，要保持愉快的心情，使食欲旺盛，分泌较多的唾液，促进消化。尽可能不要在情绪不好时进食，以免出现消化不良。

10）进食的快慢与品味的平衡。中国人把美食当作一种艺术，非常强调色香味形俱佳，因此，吃饭常常在补充能量之外，又增添了美学享受功能，而这种美学享受往往又有助于食物的吸收利用。有些人可能会以忙为理由，将吃饭的过程尽可能压缩得很短，在吃饭时狼吞虎咽、风卷残云，这就毫无美感了。实际上，这种狼吞虎咽式的进食还不仅仅是无美感，它还不利于消化吸收。一般含淀粉多的主食，需要1～2小时才能消化，含蛋白质多的食物，需3个小时，含脂肪多的食物消化时间更长。如果吃饭的过程适当延长，就会给这些食物的

消化预留一定的时间。因此，保持适度的进食速度，不仅可以从饮食中品出美感，还能帮助消化吸收。

（四）平衡膳食的“金字塔”

所谓平衡膳食，最为突出的是出入平衡。为了保持正常体重，既不肥胖，又不过于纤瘦，每个人都应当把握好出入平衡，要做到量出为入。我们每天吃饭是入，而生理活动和人们进行的各种日常动作都是出。量出为入，即以日常的实际消耗，确定每天进食的量。要把握好出入平衡，就要注意掌握适量进食，适当运动。

每天我们面对的食物品种非常之多，要把握好出入平衡还真不容易，那么，怎样把握好出入平衡呢？其实说难也不难，以下介绍的平衡膳食的“金字塔”对这个问题就很有帮助。中国营养学会在 1997 年就出台了《中国居民营养膳食指南》，2022 年进行了修改，向人们介绍了膳食“宝塔”，原则性地规范了每天的进食合理量，所以人们又将其称之为合理膳食的“金字塔”。这个宝塔的具体内容如图 3-3 所示。

图 3-3　中国居民平衡膳食宝塔（2022）

从下往上数，“金字塔”的最底层是每日推荐的饮水量，为 1500～1700 毫升。

第二层是谷类、薯类食物（如米饭、面包、馒头、面条等），这些是我们每天应该吃得最多，占饮食中能量供应的最大比重。全天可食用量为 250～400 克，其中谷类中的全谷物和杂豆的合理量为 50～150 克，薯类 50～100 克，其余为精细粮。个人也可以根据不同的情况确定适当的比例。

“金字塔”的第三层是蔬菜和水果，每天要吃得多一些，因此在金字塔中占据了相当的地位。理想的摄入量，每天蔬菜食用 300～500 克，品种为 2～3 种，其中最好要有深色带叶蔬菜，如油菜、菠菜、小白菜等；水果全天可食用 200～350 克，品种以不少于两种为宜，比如一天吃一个苹果就基本上达到这个指标了。

“金字塔”的第四层为动物性食物，主要提供蛋白质、脂肪、B 族维生素和无机盐。禽、肉、鱼、蛋等动物性食品全天总量可食用 120～200 克，并且应该保证每天一个鸡蛋，每周至少2次水产品。宜选择新鲜的瘦肉、鸡蛋，新鲜淡水鱼、海鱼、禽肉、虾。还要注意少吃或不吃各种动物的内脏、皮、脑等部位。

“金字塔”的第五层是奶和奶制品、大豆及坚果类，用以补充优质蛋白和钙，每天应适量摄入，建议摄取量为大豆及坚果类25～35克，奶及奶制品300～500克，如鲜奶或酸奶。

塔尖为适量的油、盐，每天应吃的量最少。食用油以植物油为佳，可用25～30克，最好少用动物油如猪油、牛油等。每天食盐用量控制在5克以内，还要少食腌制食品，如咸肉、各种腌制咸菜，因为其中的含盐量很高。

我们应该按照食物金字塔的比例来选择食物，要保证品种多样化和均衡膳食。这样才能满足儿童、青少年生长发育的需要及保证成年人的身体健康。

合理膳食“金字塔”只是提供了一个带有普遍意义的原则性范本，人们在具体运用时，还应该根据各自的情况适当增减。就好比服装模特身上的衣服，每个人的尺寸还是要根据个人的具体情况作调整。怎样使它适合自己的具体情况呢？我们只要粗算一下就可以了。

一是根据身高来了解自己的标准体重应该是多少千克，原则上掌握：超重了要增加运动，增加“出”；低于标准体重，就应增加进食量，增加“入”。二是掌握每千克体重每天需要多少热量。每天体力活动量不同，所消耗的热量也就不一样，可上下浮动10%。卧床的病人、老人每千克体重每天大约需要25千卡（105千焦）热量；轻体力劳动者每千克体重每天大约需要30千卡（126千焦）；中等强度的体力劳动者每千克体重每天大约需要35千卡（146千焦）；重体力劳动者每千克体重每天大约需要50千卡（209千焦）。

以一个体重为50千克的轻体力劳动者为例，每天应摄入热量1500千卡（6270千焦）左右；换算成进食品种为：主食200克（约含热量660千卡或2759千焦左右），蔬菜和水果应进食500克以上，肉类食品100克，油脂30克，鸡蛋1个，牛奶或豆浆500毫升（后几种食物的热量约为770千卡或2186千焦左右）。

做一做

根据自己的实际情况，计算一天的各类食物需要量。

二、科学烹调

“病从口入”不仅仅指饮食的不卫生引起的食物中毒或某些传染病，还包括烹调不当对人体造成的各种疾病，因此掌握科学烹调的方法和技巧就显得非常重要。

（一）购买蔬菜的几个原则

要吃饭就要吃菜。现在不仅是物质极大丰富，而且还极大方便，菜场上的各类副食品可以说应有尽有，而且菜场还常常开到家门口。很少有人认为自己不会买菜，但买菜本身是有讲究的。以下几个原则希望大家能在买菜时加以注意。

1）每天变着花样买。可能是因为只会做那么几样菜，也可能是只喜欢吃那么几样菜，有相当多数人的菜篮子里差不多天天都是几副老面孔。这些人在菜场选择的范围相当有限，要买就只买自己或是家人特别喜欢吃的几种蔬菜，出了这个范围就不予问津。这种做法不仅会使人觉得饮食单调乏味，而且也不符合人体健康的需求。因为不同蔬菜中各种营养素的含量各有不同，不同的蔬菜所提供的生物活性物质也是不一样的。

2）要拣新鲜的买。饭要天天吃，菜也就要天天买。但现在的人常常因为琐事繁忙，而且人人家里都有冰箱，就图省事而把应该几天做的事并作一天做，把一个星期的菜一下子全买回来放在冰箱里。人们会认为，蔬菜新鲜与否，只与口味有关，而与其所包含的营养无关，这种想法显然是错误的。因为蔬菜新鲜与否，还真与其中某些营养素的含量有关，特别是与维生素C的含量多少有关。研究发现，大白菜、萝卜、胡萝卜、土豆等蔬菜随着收藏时间的延长，维生素C的含量也会逐渐减少，收藏4个月后会降低20%～50%。值得一提的是，蔬菜贮存时间过长，就会产生某些对人体健康造成损害的有害物质。

3）注意合理搭配。无论一种蔬菜多么有营养，也不可能是全面的，因此，提倡每天应至少选食3种蔬菜，并注意各类蔬菜及深色、浅色蔬菜的搭配。一般来说，深色蔬菜较浅色蔬菜含更多的胡萝卜素和叶绿素，如果再注意白（白萝卜、大白菜）、黄（胡萝卜、韭黄）、红（西红柿、红辣椒）、绿（绿叶蔬菜）、紫（紫包菜、紫茄子）等不同颜色的蔬菜搭配，则更为理想。

4）有针对性地选购。一般所说的进食原则是针对健康的普通人，而在一些特定的情况下，如家人或自己身体出了毛病，在选购蔬菜时，可以根据实际情况有针对性地购买。

糖尿病患者：应选择蕹菜、甘薯叶、菠菜根、苦瓜、南瓜、山药等。

肥胖症患者：可选择萝卜、豆角、韭菜、冬瓜、黄瓜、小白菜、油菜、莴苣等。

血脂异常和高血压病患者：应多吃芹菜、大蒜、大葱、芫荽、韭菜、马齿苋、枸杞菜、香椿、野韭、蕨菜、马兰、水芹、艾蒿、荠菜、紫苏等。

痛风病患者：在急性发作期应避免食用芦笋、菜花、四季豆、青豆、菜豆、菠菜、蘑菇等。

预防癌症：应常吃黄瓜、洋白菜、大葱、大蒜、西红柿、荠菜、胡萝卜、茎蓝、甜椒等。

议一议

原料的品质鉴别方法有哪些？

（二）科学选择烹调方法

中国的烹饪功夫驰誉海内外，但最常见的烹饪方法也不外乎以下几种，现简要分析各种烹调方法对食品营养成分的影响。

1）煮。将食物与水一同加热的方式，与之相类似的方式还有炖和煲。此方式往往使水溶性维生素、无机盐溶于水内，可使糖类及蛋白质被部分水解，因此，凡是以煮、炖、煲等方式加工食物，最好是连汤一起食用，或以鲜汤作为一些菜肴的调配料，如四川的鸡汁馄饨和肉汤炖豆腐等。若是煮菜汤时应水沸下菜，时间要短。煮骨头汤时可适当加些醋，使钙溶于汤中，利于人体吸收。

2）蒸。将食物隔水用水蒸气加热的方式。此方式既能保持食品的外形，又能实现以食品自身的味道为主。这种方式烹饪，食物本身温度没有升得太高，可使其主要营养得以保存，但通过使部分维生素B遭受破坏。

3）炒。也会用急火快炒加工食物的方式。此方式会产生较高的温度，除能使维生素C损失较大外，其余营养素均损失不大。炒菜时不应过早放盐，宜用淀粉勾芡，使汤汁浓稠，并与菜肴粘在一起，因淀粉中的谷胱甘肽所含的巯基（SH），对维生素C有很好的保护作用。特别需要指出，如果炒菜时油温过高，不仅会极大地破坏菜肴的营养成分，并且会产生的致癌物，其危害性甚至超过吸烟。

4）煎炸。煎是将食物放进少量沸油里加工的方式，如煎鸡蛋、煎虾饼等，因其时间短，营养素损失不大。炸是将食物放到大量的高温油中加工的方式，其特点是时间长，所以一切营养均遭受重大损失，蛋白质会因此变质而减少营养价值，脂肪也会受破坏失去其功能，甚至会产生妨碍维生素 A 吸收的物质。为了不使原料的蛋白质、维生素减少，粘面油炸常作为最佳补救措施。

5）熏烤。无论是直接在明火上烤，或是利用烤箱间接烘烤，均可使维生素 A、维生素 B、维生素 C 受到相当大的破坏。肉、鱼熏烤后，其中脂肪的不完全燃烧，淀粉受热后不完全分解，可产生致癌物质，所以一般不应用明火直接熏烤。

6）焯。是将食物直接放入沸水中加工的方式，多用于蔬菜。对涩味很强的蔬菜宜用沸水焯半分钟，尽量减少菜在水中的时间，以减少维生素 C 的损失。在焯绿叶菜时，如果加入少量食盐，可使菜叶色泽鲜艳。焯后不要过分将汁液挤去，以免营养随菜汁流失。

议一议

哪种烹调方法对营养素的破坏最小？

7）凉拌。此方式是将食物（多为素食）不经加热而直接加入作料搅拌，也可简单地焯一下后再拌。这种方式对食物的营养保存较完整。

（三）科学加工烹调主副食

食物加工烹调的目的在于使食物容易消化吸收，具有良好的感官性状和口味，并杀灭其中的有害微生物和寄生虫，或消除原有的有害物质如生物碱、皂苷等。食物经过烹调处理，可发生一系列的物理、化学变化，有的变化能增进食品的色、香、味，使之容易消化吸收，提高食物所含营养素在人体的利用率；有的则会使某些营养素遭到破坏，特别是那些不稳定的成分，如维生素 C、维生素 B_1、维生素 B_2 等。因此，在烹调加工时，一方面要利用加工过程中的有利因素，达到提高营养、促进消化吸收的目的；另一方面也要控制不利因素，减少营养素的损失。烹调方法不同，食物口味就会不同，更重要的是食物中各种营养素损失程度也不同。现将主、副食在烹调过程中营养素的损失及防止的方法介绍如下。

1．主食

大米中水溶性维生素和无机盐易溶于水而遭受损失，应尽量减少米的浸泡时间、搓洗次数，一般不超过三次。淘米时不要用流水冲或开水烫洗，更不要用力搓。

米饭制作方法不同，营养素的损失相差很大。煮饭时大量维生素、无机盐、糖类以及蛋白质溶于米汤中，做捞饭若把米汤丢弃，也就损失了大量营养素。因此，做米饭以原汤蒸饭或焖饭为好。煮粥不宜加碱，以免破坏维生素 B 等。

水煮面条，损失维生素 B 76%、尼克酸 22%、蛋白质 5%；炸油条，因加碱和高温作用，维生素 B_1 全部破坏、维生素 B_2 和尼克酸分别被破坏 50%和 48%；蒸馒头或烙饼，则维生素损失较少，所以做面食应尽量用蒸、烙的方法，少吃油炸食品，不加或少加小苏打，尽量采用酵母发面，煮面条，水饺的汤应食用。

综上，主食焖蒸可最大限度地保存其水溶性维生素、矿物质、蛋白质、糖类和脂肪等。

2．副食

蔬菜如先切后洗，其中的维生素会通过刀口溶解到水里而受到损失，菜切得越碎、冲洗的次数越多或用水浸泡的时间越长，维生素损失越多；蔬菜切得越碎、放置时间越长，维生素损失亦越多。蔬菜烹调后如果不能立即食用，放置时间过久，也会使维生素 C 被氧化破坏。因此，蔬菜要先洗后切，菜刀刀刃应锋利，快切快炒，炒后及时食用。有些食物如萝卜、胡萝卜、藕及水果类等，洗净后最好带皮食用。

除了凉拌以外的所有烹调方式，其时间的长短最为直接地影响蔬菜中的维生素 C 的含量。研究表明，烹调加热 3 分钟，维生素 C 会损失 33.68%；烹调 10 分钟，损失增至 44.63%。炒菜的基本原则是热锅、滚油、急火、快炒。即使是就餐人数众多的集体食堂，也要想办法缩短蔬菜在锅内的停留时间，这样可以最大限度地保存食物中的营养素。由于维生素易受氧化，会遭到破坏，所以烹饪时要盖锅盖，尽量减少蔬菜与空气接触的机会。烧菜时间不宜过久，维生素不耐热，烹调时间越是长，则维生素损失越大。同样，烧好的菜要赶快吃，否则菜由热转冷的过程中，维生素还会损失一部分。有些蔬菜在烹饪前要作预处理，如在开水锅内烫过再投入炒锅内。用蔬菜作配料时，不妨先将主、配料分别处理，然后再混合调味。鱼类隔水蒸煮既能保持食物的外形，又不会破坏营养和风味。

（四）科学加工烹调的注意事项

1）尽可能不用煎、炸、烧、烤。煎、炸、烧、烤是中国烹饪的拿手好戏，很多奇妙的口味都是从这些技术中变化而来。人们一定都非常熟悉这样的烹调过程，炒菜必先起油锅，并将油锅烧得很旺，菜往里一倒刺喇喇直响。这样炒出来的菜口感确实也真不错，但从健康的角度上来看，这些中国人传统的烹饪手段产生的问题也很严重。这些手法的共同特点是，油温过高，对营养成分破坏极大。尤其是油炸本身就可破坏很多水溶性维生素，还可以使很多微量元素的消化吸收率减低。而且油炸使脂肪反复受热，可形成脂肪酸的多聚物，有致癌的可能。像菜籽油，其在高温下释放的丁二烯成分要高出花生油所释放的 22 倍，致癌的危险性更大。可以说，日益增多的肿瘤与代谢性疾病，就是人们为追求这种所谓的口感付出的代价。因此，现在大力提倡尽可能采取煮、炖、蒸、煲以及凉拌的方法来加工菜肴。

2）豆类食品要熟透。豆及豆类食品对健康极为有利，但在烹调时有特别要求，如鲜四季豆中含有凝集素，充分加热煮熟后才能将其破坏，否则会中毒。

3）合理加工蔬菜。最好用流水冲洗，要保证在水中浸泡的时间，但也不要太长。煮菜时使汤浓缩与菜一起烧，做汤时要等水开后再将菜下锅。切菜时块越大，烹调时间越短，矿物质丢失越少，尽可能保留食物外皮（外皮中矿物质含量高）。蔬菜应现做现吃，切忌反复加热。剩菜经过多次加热后，维生素几乎破坏殆尽。虽然野菜中许多营养素大大超过人工种植蔬菜，但有些野菜如果直接烹炒，口感极差。还有些野菜，如芦蒿、蕨菜等在烹饪前必须先在沸水中烫数分钟，再投入凉水中浸泡数小时或更长时间后方可食用。

4）盐要后放。炒菜先加盐，不仅会使碘盐中的碘挥发，还会使其他营养素随汁流出，而且菜不易烧透，所以盐最好后放。这样做还可以在达到同样口感的情况下减少用盐量。另外，加盐量越多，维生素 C 损失就越大，所以盐还是要少放。

5）多用醋。炖排骨时加点醋，会使骨中的钙成倍地释放到汤中来；炒菜时放点醋，不仅可以使蔬菜脆嫩爽口，还能减少蔬菜中维生素 C 的破坏，使铁锅中的铁元素更多地溶解到蔬菜中；吃皮蛋时放点醋，可以减轻皮蛋中的碱（涩）味。

6）正确选择烹调用具。如铜锅会加速维生素分解速度，破坏大部分的维生素 C，应避免使用；不锈钢制品传热快，容易使食品烧焦，造成食物浪费。

7）其他。煮面条和水饺的汤应尽量喝掉，因为里面有 49%的维生素 B_{12}、57%的维生素 B_6 和 22%的尼克酸。炒肉时用淀粉勾芡，不仅能保持水分使肉嫩味鲜，而且淀粉中的谷胱甘肽对维生素还能起到保护作用。

主题练习

一、简答题

1．烹调时需要注意哪些细节？
2．请阐述合理膳食的重要意义。
3．请论述在实际生活中如何做到合理膳食。
4．请阐述科学烹调的重要性。
5．请总结科学烹调的具体方法。

二、看图回答

请分别指出图 3-4～3-6 中这位学生操作时的错误。

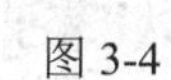

图 3-4

图 3-5

图 3-6

主题四

烹饪职业礼仪

礼仪是人们生活和社会交往中约定俗成的、符合交往要求的行为和规范的总和。人们可以根据各式各样的礼仪规范，正确把握与外界交往的尺度，处理好人与人之间的关系。

作为一名烹饪专业的学生，我们不仅要掌握实用的烹饪技术，理解传统的中国烹饪文化，而且还要把礼仪融入其中，在学习烹饪技术中感受中国烹饪文化所蕴含的无穷乐趣和礼仪元素，从而提高个人内在的文化修养、道德品质和思想境界，培养优雅的气质和仪表风度，提高自己的人际交往能力。

模块一　与上下级沟通的礼仪

作为厨师，很多学生只注重技能的学习，却忽视了人与人之间的沟通和交流。这直接导致部分学生在踏上工作岗位后处处碰壁，总是感觉得不到上级的重视，或是不被下属尊重。其实这些都是因为你和上下级相互沟通不够，了解不够。因此，掌握与上下级沟通的礼仪，可以帮助我们更好地融入工作团队中，拥有一份和谐的职场人际关系。

一、沟通的前提

沟通是人与人之间传递信息和交流感情必不可少的渠道，掌握沟通的礼仪，可以帮助我们更好地适应工作，拥有一份和谐的职场人际关系。要想进行有效和谐的沟通，我们就需要掌握沟通的前提，了解什么是沟通。

【案例】

秀才买柴

有一个秀才去买柴，他对卖柴的人说："荷薪者过来!"卖柴的人听不懂"荷薪者"（担柴的人）三个字，但是听得懂"过来"两个字，于是把柴担到秀才前面。秀才问他："其价如何？"卖柴的人听不太懂这句话，但是听得懂"价"这个字，于是就告诉秀才价钱。秀才接着说："外实而内虚，烟多而焰少，请损之。(你的木柴外表是干的，里头却是湿的，燃烧起来，会浓烟多而火焰小，请减些价钱吧。)"卖柴的人因为听不懂秀才的话，于是担着柴走了。

【案例思考】

案例中秀才和卖柴人的沟通是否成功？为什么？

(一) 沟通的概念

沟通是人与人之间、人与群体之间思想与感情的传递和反馈的过程，以求思想达成一致和感情的通畅。

按沟通方式不同，沟通可分为语言沟通和非语言沟通，语言沟通包括口头沟通和书面沟通，非语言沟通包括副语言（比如音量、语速、语调等）、肢体动作（比如姿势、表情、眼神等）以及空间利用（比如座位布置、谈话距离等），见图 4-1。最有效的沟通是语言沟通和非语言沟通的结合。

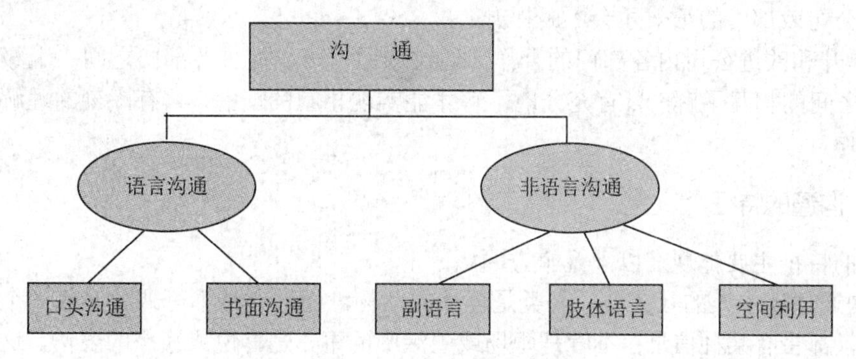

图 4-1　沟通方式的分类

(二) 沟通的意义与作用

每个人都离不开沟通。生活中，良好的沟通帮助我们收获友谊和信任；工作中，良好的沟通给我们带来赞许和成功。

【案例】

美国一家公司的总经理非常重视员工之间的相互沟通与交流，他曾有过一项“创举”，即把公司餐厅里四人用的小圆桌全部换成长方形的大长桌。这是一项重大的改变，因为用小圆桌时，总是那四个互相熟悉的人坐在一起用餐，而改用大长桌情形就不同了，一些彼此陌生的人有机会坐在一起闲谈了，如此一来，研究部的职员就能遇上来自其他部门的行销人员或者是生产制造工程师，他们在相互接触中，可以互相交换意见，获取各自所需的信息，而且可以互相启发，碰撞出“思想的火花”，公司的经营得到了大幅度的改善。

【案例思考】漫画中的交流（图 4-2）算不算是一次良好的沟通呢？你平时是如何同父母沟通的？

图 4-2　交流

沟通在工作中的作用是多方面的，主要的有以下三个方面：

1）收集到有益的建议和智慧。通过沟通，可以从其他人那里得到更多的信息，可以了解不同角度、不同层次的想法和建议，为自己思考问题和做出决策提供更多的参考和依据，为各级主管制定制度、措施、方法的正确性提供保证。可能职工的一个小小的建议，就能带来成本的大幅度降低或效益的大幅度提高。

2）发现和解决公司内部问题，改进和提升企业绩效。通过沟通可以更充分地发现公司内部存在的问题和解决问题的方案，只有不断地发现和解决问题，公司的管理水平才会不断的提高，公司或部门的绩效才会不断提升。

3）提升和改进公司内各部门的合作。通过沟通，可以促进各部门之间、上级和下级之间、员工之间的相互了解，只有充分地了解才能实现相互的理解，只有深刻的理解才能实现良好的协作。

（三）沟通的特征

沟通的特征主要体现在以下几个方面：

1）沟通体现了人的社会性。人类是群体的动物，而沟通是不可缺的。每一个人所说的每一句话，都带有某种信息；不管是职场或生活中的事，是喜悦或愤怒的表达，这一切都必须依赖彼此的沟通。

2）沟通是一种需求和期望。个人渴望得到家庭、团体、朋友、同事的关怀、爱护、理解，是对友情、信任、温暖的需要。这些都必须依靠沟通来满足。比如在遇到困难时，希望有熟识的友人能倾吐心里话、说说意见，甚至发发牢骚。

3）沟通是为了达到相互理解。除了沟通，否则你永远也没法知道对方在想什么。所以，沟通是理解的第一步。当你在抱怨别人不理解自己时，请先想一想，你和别人沟通了吗？

（四）沟通的前提

良好的沟通需要稳定的情绪和健康的心态以及对于沟通对象的尊重，外加一定的技巧和手段，这些都是沟通不可或缺的条件。

1）以稳定的情绪和健康的心态为起点。在和别人交流沟通前，请确保自己拥有稳定的情绪和健康的心态，这是愉快沟通的先决条件。谈话时，目光要柔和、沉着、善意，面部表情要尽量保持微笑和放松。

2）尊重对方。平等是一切正常交往的基础，任何失去了平等为前提的情感关系都不可能获得正常的沟通方式和沟通效果。所以，我们必须真诚，要尊重对方，真正把对方所说的话听进去，然后才能在互动的过程中恰当提出自己的见解。

【案例】

有一天苏东坡与老和尚一起打禅。老和尚问苏东坡："你看我打禅像什么？"苏东坡想了一下，并没有回答，同时反问老和尚："那你看我打禅像什么？"老和尚说："你真像是一尊高贵的佛。"苏东坡听了这一番话，心中暗暗地高兴。于是老和尚说："换你说说，你看我像什么？"苏东坡心里想气气老和尚，便说："我看你打禅像一堆牛粪。"老和尚听完苏东坡的话，淡淡地一笑。苏东坡高兴地回家找家里的小妹谈论起这件事，小妹听完后笑了出来。苏东坡好奇地问："有什么可笑的？"苏小妹斩钉截铁地告诉苏东坡，人家和尚心中有佛，所以看你如佛；而你心中有粪，所以看人如粪。当你骂别人的同时，也是在骂自己。

【案例启示】

从批评者的言行能看出其眼界和见识。所以人的心里想些什么，就会嘴上说出什么，这正好反映出一个人待人处事的风范和内涵。而骂人的同时也成为别人讨厌的对象，运用言语骂人的人，必定得不到对方的认同，也会失去别人的信任。一个良好的沟通应是建立在彼此尊重的角度，才能达成双方的交谈。

（五）如何有效沟通

所谓有效沟通，是指通过演讲、会见、对话、讨论、信件等方式，将自己的观点和想法准确、恰当地表达出来，以促使对方接受。掌握一些技巧，会让有效沟通变得更加容易。

1）微笑为沟通创造氛围。笑容可以缩短人与人之间的心理距离，相互传递、表达可喜的信息和美好的感情，能为深入沟通和交往创造温馨和谐的氛围。在沟通中，保持微笑可以表现出心境良好、充满自信、真诚友善。

2）倾听是沟通的风度体现。当你认真倾听时，你并不会失去什么，却会赢得尊重。倾听需注意以下三个方面：保持目光的接触（要正对着讲话者，不时进行目光的交流）；不随意打断对方的谈话（在对方没讲完之前不要急于发表意见）；集中注意力听，不做不相关的事情（如玩弄笔或纸、频繁地做动作）。

3）幽默为沟通增添力量。在生活中，人们都喜欢幽默，因为幽默蕴含着无穷的力量。没有幽默感的语言是一篇公文，没有幽默感的人是一尊雕像，在沟通中没有幽默感是不可想象的。

4）有度是顺利沟通的关键。在沟通的过程中，无论是交流的范围还是交流的深度都要有所把握。什么话该讲，什么事该做，心中一定要有数。沟通和任何事情一样，都得考虑是否适度。

二、与上级沟通

职场上，我们不可避免地要和上级打交道。礼貌的言语、得体的举止会给我们大大加分；反之则会使上级对我们的印象大打折扣。那么我们该如何与上级沟通呢？

【案例】

烧还是蒸？

小李任一家酒店的厨师长时，老板是个典型的老爷式管理者，每道菜品、菜量与味型全由他说了算。当时小李有道“华阳一品霸王筋”的招牌菜，是用蹄筋、笋干、剁椒等原料制成，先在盘子上放好笋干丝，再放九成熟的蹄筋，放入剁椒等调料蒸制 12 分钟，撒上香葱、香菜，再浇子兰油即可，老板看到后说需要改进，把蒸的技法改为烧。小李给老板讲了蒸制这道菜的口味特点，但老板不听，还是让小李按照他的想法去做。在晚上营业时，点这道菜的客人反映菜明显变味了，退菜率出奇地高。看着店里的生意一天不如一天，老板心里着急，可又拉不下面子让小李换回以前的做法，最后干脆辞退了小李，换了新的厨师长。

【案例思考】

如果你是小李，你会如何跟案例中的老板沟通，来避免被辞退的悲剧发生？

（一）与上级沟通的重要性

在职场中，我们经常需要跟上级打交道。很多初入职场的年轻人都抱怨与上级的关系最不易处，事实上是没有找到行之有效的与上级沟通的方法。

就像上面那个例子，很多同学都觉得是老板不讲道理，生意不好都是老板的责任。可是我们冷静地思考，其实案例中的小李也有做得不对的地方。老板不过是外行，因而他提出要改做法的意见也无可厚非，可是小李作为专业人士，没能很好地与老板沟通进而打消他“错误的念头”，最终导致饭店生意下滑，自己落了个被辞退的下场。

与上级相处的好坏直接影响着一个人的发展前途，因此，每个同学都必须学会如何大方得体地跟上级沟通。

（二）怎样与上级沟通

1）尊重而不迎合。尊重上级是下属应有的品德，尊重上级的根本，一是维护上级的威信，从内心里敬重上级；二是给上级全力支持，尽力协助上级做好工作。在给上级提建议时，要从维护上级的威信出发，不能看人下菜碟，更不能把服从领导庸俗到溜须拍马、巴结讨好的地步。

2）服从而不盲从。下属工作和上级工作在目标上是一致的，所以下属对上级的指挥要服从。下属的每一个行动要与上级合拍，为上级决策的每一个环节进行有效地服务。要做到服从而不盲从，一是认真领会、忠实体现上级意图，二是要恰如其分地为上级拾遗补缺。但要注意，服从不是人身的依附，不是唯唯诺诺地趋附。

3）参与而不干预。下属参与决策，必须在自己的职权范围内，在上级授予的权限内决定和办理事项，提出建议或方案。即使所提的建议或方案被采纳，下属也不能认为这是在决策，更不能产生这是与上级共同决策的错觉。这种错误思维会使自己错位，甚至干预、左右上级的决策。

4）辅佐而不自作主张。下属在为上级出谋划策的过程中，要办理很多相关事务。在办理时，不能不经上级同意，擅自加进个人意见。特别是上级决定了的事项，不能再作修改。下属如果感到有必要修改的话，须请示上级同意。在办事时，下属也只能按上级的授权和意图办理。在办理过程中，根据实际情况，有些地方确需改变上级意图的，须报经上级同意，绝不能自作主张。

5）代理不等于职权。下属常常在上级授权下，代理上级处理一些日常事务或工作事项，这容易使下属产生自己与上级同样有权的错觉。下属必须明白，代理不等于职权，即使是上级授权办理的事情，遇到问题时，也应该及时请示，办完后及时汇报。办理中出现差错，要耐心听取上级的批评和指导。

（三）与上级沟通的礼仪

1）与上级称呼的礼仪。对上级的称呼应该严肃、认真，要分清场合，称呼领导时最忌讳使用简称，如对“李处长”称其为“老李”，这是不礼貌、不尊敬的称呼。正式场合还需使用正式称呼。如果你是公司新成员，还不清楚各位领导的职务、姓名，在称呼领导前应向老同事请教，他们都会非常愿意地告诉你。

2）与上级握手的礼仪。与上级握手时，首先要注意的是，一定要等上级伸手后你再伸出手迎合领导。另外，与领导握手时，不要迅速将手抽出来，也不能过于用力，而要让领导掌握时间和力度。不论上级是男性还是女性，上级欲和你行握手之礼，都必须热情予以迎合。你可以用双手与上级握手，但异性之间最好不要这样。

做一做

在班级分组表演情景小品"当我遇到厨师长"。

3）与上级打招呼的礼仪。上下级见面时，打招呼是必要的，按打招呼的先后顺序，下级应该先与上级打招呼。如果上级与其他人在一起，应从级别最高的人开始问候。

打招呼的目的是向对方表达一种敬意，如果态度不好会起到适得其反的作用。与领导见面时，首先应热情主动地与领导打招呼，面带微笑、热情大方，不要夸大表情或扭捏作态。其次，不要等领导先跟你打招呼，而要主动向领导问好，否则领导会觉得你很自大，目中无人。当你想与领导打招呼时，刚好赶上领导与其他人谈话，此时，你应该向他微笑点头以示敬意。

议一议

不要开上司的玩笑

上司永远是上司。不要期望在工作岗位上能和他成为朋友。即便你们以前是同学或是好朋友，也不要自恃过去的交情与上司开玩笑，特别是在有别人在场的情况下，更应格外注意。

三、与下属沟通

职场上，我们不可避免地要和自己的下属打交道。很多同学疑惑："我已经摆足了官架子，怎么还没官威呢？"其实，与下属相处有很多学问，沟通就是重要的一环。学会和下属沟通，你会发现下属的工作热情越来越高，整个团队也越来越优秀了。

【案例】

驭下的学问

钱某，生性粗鲁，不懂得尊重人。在任某酒店厨师长期间，采用命令式的管理手段，经常喝三吆四，令大家十分反感。一天，平时一贯表现良好的头炉王某，不知何故把"水煮牛肉"做咸了，客人要求退菜。为此钱某在厨房大发雷霆，还当众要王某把菜全部吃下去。王某羞愤难忍，当即辞职而去，钱某也因此失去了一员虎将，其他厨师则因此而与钱某离心离德。

陈某，私营餐饮业主。陈某深知尊重人、关心人的重要性。平时对员工关爱有加，与员工关系十分融洽。其手下的马某，冷菜做得相当有特色，某次别的店以高薪聘请，马某未免心动。在马某打报告辞职时，陈某很动情地说："我们一直处得跟亲兄弟一样。现在你要走，不知是我哪些方面对你关心不够？"一席话令马某大为感动，遂最终放弃了跳槽的念头。陈某的做法值得所有厨师长借鉴。

【案例思考】

对比以上两个案例，你有哪些启示？

（一）与下属沟通的重要性

没有充分有效的沟通，下属员工不知道做事的意义，也不明白做事的价值，因而做事的积极性也就不可能高，创造性也就无法发挥出来。做事墨守成规，按习惯行事，必然效益低下。相反，如果有比较充分而有效的沟通，在让下属员工明确他所做的工作的目标和意义、价值后，会使他们的工作热情和主动性倍增。

在厨房的日常工作中，厨师长处处尊敬和关心下面的员工，时时注意和员工进行有效沟通，不仅可以避免发生不必要的冲突，而且自己工作起来也会得心应手。更重要的是，它将使你的厨师班子成为一支有凝聚力、有战斗力的队伍。

【案例】

两 个 石 匠

一个石匠，只是为了打石头而打石头，看不到自己工作的意义，因而感到打石头工作苦不堪言，整天愁眉苦脸，疲惫万分；相反，另一个石匠，知道所打的石头是要用到一个大教堂的建筑上去的，不仅没有感到劳苦，而且一直保持着充沛的精力和高昂热情。他为自己能参与这样一个千秋工程而自豪。

（二）如何与下属沟通

1）杜绝家长式管理。作为领导，你要更好地了解你下面的员工，弄清楚他们的性格、能力及思想状况，进而有效地进行管理，这无疑是你“调兵遣将”的法宝。绝不能搞个人主义，唯我独尊，盛气凌人，下面的员工稍有不从，张口便骂，抬手便打，以此来树立自己的所谓“威信”。这样的话，不仅会极大地挫伤员工的积极性和创造性，而且也证明你不是缺乏修养，就是平庸无能。

2）鼓励下属。老板是整个公司的核心，因此具有别人所不及的洞察力，懂得适时地鼓励你的员工，这才是一个成功老板的明智之举。如果你的下属工作勤恳，十分卖力，长期默默地为你工作，使你的公司蒸蒸日上；如果你的下属经常给你提出一些合理化建议，使你深受启发；如果你的下属具有良好的表现，给公司带来收益，为公司做出贡献，那么你作为领导，千万不要吝啬自己的腰包，要不失时机地送一个红包。这会让所有的员工都感受到，领导的眼睛是雪亮的，认为自己的努力不会白费，多流出一滴汗水就会多一分收获。

3）关心下属。作为领导不仅要在工作上给予下属帮助，还要在生活上给予关心、照顾。对一些在工作上认真努力，而家庭贫困的下属，领导应当主动到家里慰问，表达自己的关心，同时给予下属适当的帮助，减轻下属的负担。这样，下属也会竭尽全力地为公司工作。

4）肯定下属的成绩。身为一位管理者，最重要的工作之一，就是成为一个为下属喝彩的领导人。这个意思是说，一个管理者必须是第一个注意下属优秀表现的人，并且称赞他们。在公司里，无论他们是管理人员也好，还是普通工作人员也好，都希望自己的工作能被肯定。谁也不愿意自己辛辛苦苦地干了半天，却得不到领导的一点肯定。假如一个员工老是得不到肯定的话，那么他今后肯定会失去对工作的兴趣，失去工作的主动性。领导如果了解了人的这一心态的话，可以随时给员工必要的鼓励，达到激励士气、鼓舞人心的效果。

（三）与下属沟通的礼仪

1）讲究批评的艺术。批评是让人改正错误的方式，但是批评也要讲究艺术。恰当的批评会使对方敲响警钟，令对方改正错误。反之，则会适得其反，弄巧成拙。在工作中，员工不可避免会犯错误，因此领导要想纠正错误，批评员工一定要注意场合，最好是在没有第三者在场的情况下进行，否则，再温和的批评也有可能会刺激受批评人的自尊，因为他会觉得在同事面前丢了面子。他或许以为你是有意让他出丑，或许认为你这个人不讲情面，不讲方法，没有涵养，甚至在心里责怨你动机不善。因为批评人不注意场合，带来这么多的副作用，受批评者心生怨恨，批评人改变人的目的就很难达到。

想一想

假设你是厨师长，你手下的一名厨师菜做得很一般，人却非常自满，不愿意改进，你该如何处理他？

2）放下架子站在下属的角度考虑问题。俗话说，设身处地，将心比心，人同此心，心同此理。作为领导，在处理许多问题时，都要换位思考。比如说服下属，并不是没把道理讲清楚，而是由于领导者不替对方着想。关键在于你谈的是否对方所需要的。如果换个位置，领导者放下架子，站在被劝说人的位置上思考问题，同时，又把被劝者放在领导的位子上陈说苦衷，抓住了被劝说人的关注点，这样沟通就容易成功，你站在下属的角度，为下属排忧解难，下属就能替领导排忧解难，帮你提高业绩。

3）语言幽默，轻松诙谐。领导者与下属谈话，语言幽默，轻松诙谐，营造一个和谐的交谈气氛和环境很重要，上级和部下谈话时，可以适当点缀些俏皮话、笑话、歇后语，从而取得良好的效果。只要使用得当，就能把抽象的道理讲得清楚明白、诙谐风趣，会产生一种吸引力，使下属愿意和领导交流。领导的语言艺术，对于下属来说，即使一种享受，又是一种激励，可以拉近上下级关系的距离。

议一议

在班级举行主题讨论会“假如我是厨师长”，大家一起谈谈如何做一个称职的领导。

模块二　同事间的协作礼仪

同事之间的关系不同于家人和朋友，能否处得和谐、融洽，对工作是否轻松愉快有着很大的作用。如果同事之间关系融洽、和谐，人们就会感到心情愉快，有利于工作的顺利进行，从而促进事业的发展；反之，同事关系紧张，相互拆台，经常发生摩擦，就会影响正常的工作和生活，阻碍事业的正常发展。同事交往的基本原则是平等与相互尊重。

一、如何与同事打交道

有人说同事是职场上最可依赖的臂膀，有人说同事是职场上最危险的对手。究竟我们该如何跟同事相处、与同事沟通呢？

【案例】

小王是一家饭店的新进厨师，平时工作努力，厨师长对他非常赏识。同事中，小赵与他年龄相仿，比他早工作几个月。出于对同龄人的亲切感，小王对小赵很友好，每次小赵出事，他都尽力帮助他，可小赵却总挑他的刺，处处针对他。开始时，小王总是想退一步海阔天空，忍一时风平浪静，反正都是为饭店做事，忍忍就过去了。可是时间长了，小王也慢慢没了耐心，厨房里经常出现他和小赵大吵的身影。

【案例思考】如果你是小王，你该怎么办？

（一）同事间该如何相处

同事之间是存在着竞争的，但要遵循公平原则，不能为了某种利益就不择手段。可以通过发愤努力超过别人，也可以发挥自己的长处，主动承担重任。但不可弄虚作假，贬低同事来抬高自己，更不能踩着别人肩膀往上爬。

同事之间要讲求协作精神。一件工作往往需要同事间相互协作，相互支持才能完成。自己的工作一定要克己奉公，不能推卸责任，需要帮助要与同事商量，不可强求；对方请求帮助时，则应尽自己所能真诚相助。对年长的同事要多学多问、多尊重，对比自己年轻的新人则要多帮助、多鼓励、多爱护。

要尊重他人的人格，也要尊重他人的工作。同事不在或未经允许的情况下，不要擅自动用别人的物品。如果必须动用，最好有第三者在场或留下便条致歉。当他人工作出色时，应予以肯定、祝贺；当他人工作不顺利时，予以同情、关心。在协作过程中，注意不可越俎代庖，以免造成误会，令对方不快。

对同事要一视同仁，平等对待，不要结成小集团。一般来说，与同事的关系不要过于亲密，天天工作生活都在一起，一旦遇到利益之争和矛盾冲突，十分不好处理，容易伤害双方感情。

【案例】

李军是新来的同事，也是李兵的老乡。为了树立李军的“光辉形象”，李兵到处宣扬李军的神通广大，李军开始听到李兵的赞美，觉得脸上有光，但后来听到李兵老是替他吹牛，心里隐隐觉得有点不安。

一天，领导家的冰箱坏了，希望李军能帮帮忙，李军只是自己家里也有台冰箱，至于修理是一窍不通，碍于面子，只好装模作样到领导家看看，摸了半天，仍不知所措。好心的领导觉得有点不对劲，借机说有事要出门，要他改天再来。李军想，如果李兵不给他吹牛，他今天就不会出这个洋相，因此心里对李兵有点意见。

国庆节，公司举办庆祝活动，人人都听说李军会唱歌弹琴，因此都不约而同地要李军上台，李军又在台上出尽了洋相。不久，公司给地震灾区捐款，大家早就听说他是爱心人士，他只好又忍痛捐了一个月工资，但心里恨透了李兵。如果不是他到处鼓吹，自己就不会出这么多洋相，受这么多活罪。

【案例启示】

同事之间，偶尔真诚地赞美一下对方，能让对方找到自信。但如果老是拍马奉承，则会讨人嫌，甚至还会和你翻脸。所以千万要把握好赞美的度。

（二）与同事交往原则

1）真诚相待。同事间相处具有相近性、长期性、固定性，彼此都有较全面深刻的了解。真诚相待对方能赢得同事的信任。信任是连接同事之间友谊的纽带，真诚是同事之间相互共事的基础。同事的工作受阻，或遇到挫折和不幸时，及时给予真诚的关心和帮助，在处理种种事情时，多设身处地替他人着想，就会获得别人的友谊和赞赏。

2）言必信，行必果。要向同事许诺事情时，就要考虑到责任，没有把握或做不到的事情，不要信口允诺。允诺了的事情，无论遇到多大的困难，也要千方百计去完成。如果因为其他意外的原因无法达成，应诚恳地向对方表示歉意，不能不了了之。

3）尊重他人。同事之间不管能力和水平有多大的差异，都要表现出必要的尊重。不要在水平比你高、能力比你强的同事面前表现出缺乏自尊和自信，也不要在水平比你低、能力比你差的同事面前表现得盛气凌人。不要在同事面前说绝对话、过头话，不要扫他人的兴，不要以质问的口气对人说话，这些都是不尊重别人的表现。

【案例】

王强是名牌大学毕业的，在公司做业务员。在同事中间，数他的学历最高，也数他的业绩最好。大家也都非常尊重他，积极配合他做好相关工作。

王强渐渐地开始有点目中无人了，觉得除了领导，就是老子天下第一了，开始强烈要求同事给他做事。开始时，大家都还勉强接受，但后来他越来越口无遮拦了，用命令的口吻要同事帮他做事。这时，同事都不买他的账了，就连他办公桌上的电话也不给他接了。由于他出差时，电话老是没人接，因此他在客户心目中的地位开始大打折扣，业绩大不如前。

后来其他同事通过努力合作，业绩还超过了他，这让自尊心极强的王强觉得挺没面子，于是找了个借口辞职走了。

【案例启示】

在职场中，遇到困难向同事求助，这不失为解决问题的一种良策。但倘若自高自大，经常以命令的语气要同事去干这干那，却是愚蠢的行为。这样做的后果便是：同事轻则反感你，重则排斥你，让你无立足之地。因此，在与同事的交往中，相互尊重非常重要。

4）少说话，多做事。在同事面前，不该说的不要说，特别是涉及到别的同事、工作任务等方面的话题时，不要发牢骚。最好的办法是少说多做，用行动来表达自己的观点，特别是自己看不惯的现象，说多了容易引起别人的反感。

（三）同事相处小窍门

1）性格开朗。如果你很开朗，有你的世界就会拥有快乐，同事们会主动拉近与你的距离。过于压抑的环境往往会给人带来心理上的不适，如果你能促进这种环境的转变，那么你就会有一种号召力。孤僻的人不但会遭非议，而且会被孤立。融入新环境的最有效方法便是主动出击，热情袭人。如果你不够开朗，那么从现在起，就不要时刻绷紧你的脸，你应该先学会对每个人微笑。

2）礼仪周到。文明礼貌程度是展现你个人素质的最重要方面，和同事相处，要不卑不亢，谦恭有礼。同事家有婚嫁喜事，送上一份合适的贺礼；同事生病，应及时去探望。礼尚往来乃人之常情，但过重的礼物却不要轻易出手，免得人家心生他想。而作为管理人员，最重要的则是要让下属感觉到上司的关心，决不能因为职位在上就目中无人。

3）竞争含蓄些。面对晋升、加薪，应抛开杂念、不要手段、不玩技巧，但绝不放弃与同事公平竞争的机会。面对强于自己的竞争对手，要有正确的心态；面对弱于自己的对手，也不要张狂自负。如果与同事意见有分歧，则完全可以讨论，但不要争吵，应该学会用无可辩驳的事实及从容镇定的声音表达自己的观点（图 4-3）。

图 4-3 竞争原则

4）作风正派。作风正派应包括勤奋、廉洁的工作作风和正派的生活作风。只有勤奋工作并尽可能把工作做出色的人，才不至于被同事看作累赘、窝囊废。而廉洁自律、不以权谋私则是能博得他人敬重的主要依据。

二、如何处理同事间矛盾

同事之间朝夕相处，难免会有矛盾。处理同事间矛盾也要有技巧，本来芝麻绿豆大的小矛盾，处理不善可能就会一发不可收拾。那我们该如何处理同事间的矛盾呢？

【案例】

同事间纠纷险酿惨案

张某在武进某工厂车间工作有十几年了，一直很顺当。2009年以后，工作的时候，经常被同事刘某打扰，多次提醒刘某，但他就是不改正。同年9月份，不堪其扰的张某，从家里带来了一小药瓶甲胺磷农药，趁人不注意的时候，将其放进刘某等人经常用的开水瓶中。到晚上，过来接班的刘某拿起开水瓶准备倒水喝。拿掉瓶塞后，一股浓重的农药味扑面而来。感觉不对劲的刘某赶紧报警。很快，警察进厂进行调查。第三天，警察再次进厂作案件调查，张某经一番心理挣扎后投案自首。

【案例思考】

工作中，如果你和同事发生了矛盾，该如何化解？

（一）如何避免同事间矛盾

1）尊重同事。相互尊重是处理好任何一种人际关系的基础，同事关系也不例外，同事关系不同于亲友关系，它不是以亲情为纽带的社会关系，亲友之间一时的失礼，可以用亲情来弥补，而同事之间的关系是以工作为纽带的，一旦失礼，创伤难以愈合。所以，处理好同事之间的关系，最重要的是尊重对方。

2）物质上的往来应一清二楚。同事之间可能有相互借钱、借物或馈赠礼品等物质上的往来，但切忌马虎，每一项都应记得清楚明白，即使是小的款项，也应记在备忘录上，以提醒自己及时归还，以免遗忘，引起误会。向同事借钱、借物，应主动给对方打张借条，以增进同事对自己的信任。有时，出借者也可主动要求借入者打借条，这也并不过分，借入者应予以理解，如果所借钱物不能及时归还，应每隔一段时间向对方说明一下情况。在物质利益方面无论是有意或者无意地占对方的便宜，都会在对方的心理上引起不快，从而降低自己在对方心目中的人格。

> **想一想**
>
> 你的同事小王跟你借了500元忘了还钱，你该怎么办？

3）对同事的困难表示关心。同事遇到困难，通常会首先选择寻求亲朋的帮助，但作为同事，应主动问询。对力所能及的事应尽力帮忙，这样，会增进双方之间的感情，使关系更加融洽。

4）不在背后议论同事的隐私。每个人都有“隐私”，隐私与个人的名誉密切相关，背后议论他人的隐私，会损害他人的名誉，引起双方关系的紧张甚至恶化，因而是一种不光彩的、有害的行为。

5）对自己的失误或同事间的误会，应主动道歉说明。同事之间经常相处，一时的失误在所难免。如果出现失误，应主动向对方道歉，征得对方的谅解；对双方的误会应主动向对方说明，不可小肚鸡肠，耿耿于怀。

（二）如何解决同事间的矛盾

第一，任何同事之间的意见往往都是起源于一些具体的事件，而并不涉及个人的其他方面。事情过去之后，这种冲突和矛盾可能会由于人们思维的惯性而延续一段时间，但时间长，也会逐渐淡忘。所以，不要因为过去的小意见而耿耿于怀。只要你大大方方，不把过去的事当一回事，对方也会以同样豁达的态度对待你。

第二，即使对方仍对你有一定的成见，也不妨碍你与他的交往。因为在同事之间的来往中，我们所追求的不是朋友之间的那种友谊和感情，而仅仅是工作。彼此之间有矛盾没关系，只求双方在工作中能合作就行了。由于工作本身涉及到双方的共同利益，彼此间合作如何，事情成功与否，都与双方有关。如果对方是一个聪明人，他自然会想到这一点，这样，他也会努力与你合作。如果对方执迷不悟，你不妨在合作中或共事中向他点明这一点，以利于相互之间的合作。

第三，同事之间有了矛盾并不可怕，只要我们能够面对现实，积极采取措施去化解矛盾，同事之间仍会和好如初，甚至比以前的关系更好。要化解同事之间的矛盾，你应该采取主动态度，你不妨尝试着抛开过去的成见，更积极地对待这些人，至少要像对等待其他人一样地对待他们。一开始，他们会心存戒意，而且会认为这是个圈套而不予理会。耐心些，将过去的积怨平息的确是件费工夫的事情。你要坚持善待他们，一点点地改进，过了一段时间后，你们之间的问题就如同阳光下的水一蒸发便消失了一样。

（三）学会与各种类型的同事打交道

每一个人，都有自己独特的生活方式与性格。在职场里，总有些人是不易打交道的，比如傲慢的人、死板的人、自尊心过强的人等等。所以，你必须因人而异，采取不同的交际策略。

1）应对过于傲慢的同事。与性格高傲、举止无礼、出言不逊的同事打交道难免使人产生不快，但有些时候你必须要和他们接触。这时，你不妨采取这样的措施：其一，尽量减少与他相处的时间。在和他相处的有限时间里，你尽量充分地表达自己的意见，不给他表现傲慢的机会。其二，交谈言简意赅。尽量用短句子来清楚地说明你的来意和要求。给对方一个干脆利落的印象，也使他难以施展傲气，即使想摆架子也摆不了。

2）应对过于死板的同事。与这一类人打交道，你不必在意他的冷面孔，相反，应该热情洋溢，以你的热情来化解他的冷漠，并仔细观察他的言行举止，寻找出他感兴趣的问题和比较关心的事进行交流。与这种人打交道你一定要有耐心，不要急于求成，只要你和他有了共同的话题，相信他的那种死板会荡然无存，而且会表现出少有的热情。这样一来，就可以建立比较和谐的关系了。

3）应对好胜的同事。有些同事狂妄自大，喜欢炫耀，总是不失时机自我表现，力求显示出高人一等的样子，在各个方面都好占上风，对于这种人，许多人虽是看不惯，但为了不伤和气，总是时时处处地谦让着他。可是在有些情况下，你的迁就忍让，他却会当作是一种软弱，反而更不尊重你，或者瞧不起你。对这种人，你要在适当时机挫其锐气。使他知道，山外有山，人外有人。

4）应对急性子的同事。遇上性情急躁的同事，你的头脑一定要保持冷静，对他的莽撞，你完全可以采用宽容的态度，一笑置之，尽量避免争吵。

5）应对刻薄的同事。刻薄的人在与人发生争执时好揭人短，且不留余地和情面。他们惯常冷言冷语，挖人隐私，常以取笑别人为乐，行为离谱，不讲道德，无理搅三分，有理不让人。他们会让得罪自己的人在众人面前丢尽面子，在同事中抬不起头。碰到这样一位同事，你要与他拉开距离，尽量不去招惹他。吃一点儿小亏，听到一两句闲话，也应装作没听见，不恼不怒，与他保持相应的距离。

实践探究

在生活中你和同学发生过矛盾吗？你当时是怎么处理的？运用本课所学，分析自己当时处理方法的利弊。

模块三　与消费者沟通的礼仪

作为服务业从业人员，我们每天都要与消费者接触。我们需要采用个性化服务来满足不同消费者的需要，达到超出消费者期望的服务效果，从而获得消费者的满意，进而留住消费者、赢得消费者。那么，如何才能“超出消费者期望值”呢？这时，礼仪的作用就凸显出来了。大方得体的沟通交流帮助我们树立更好的形象，从而获得更多消费者的青睐。

一、怎样与消费者打交道

作为一名餐饮工作者，我们不可避免地要同消费者打交道。消费者是一个千姿百态的庞大群体，在和消费者沟通的过程中，掌握技巧可以达到事半功倍的效果。

【案例】

用心倾听

美国汽车推销之王乔·吉拉德曾有过一次深刻的体验。一次，某位名人来向他买车，他推荐了一种最好的车型给他。那人对车很满意，并掏出10000美元现钞，眼看就要成交了，对方却突然变卦而去。

乔为此事懊恼了一下午，百思不得其解。到了晚上11点他忍不住打电话给那人：“您好！我是乔·吉拉德，今天下午我曾经向您介绍一部新车，眼看您就要买下，却突然走了。”

“喂，你知道现在是什么时候吗？”

“非常抱歉，我知道现在已经是晚上11点钟了，但是我检讨了一下午，实在想不出自己错在哪里了，因此特地打电话向您讨教。”

“真的吗？”

“肺腑之言。”

“很好！你用心在听我说话吗？”

“非常用心。”

“可是今天下午你根本没有用心听我说话。就在签字之前，我提到犬子吉米即将进入密执安大学念医科，我还提到犬子的学科成绩、运动能力以及他将来的抱负，我以他为荣，但是你毫无反应。”

乔不记得对方曾说过这些事，因为他当时根本没有注意。乔认为已经谈妥那笔生意了，他不但无心听对方说什么，而且在听办公室内另一位推销员讲笑话。

（一）与消费者打交道的原则

1）平等原则。平等是前提，双方是平等的客我关系，每次的销售活动都是一种平等交易，只有平等的交流，才是有效的沟通。

2）互惠原则。互惠是基础，消费者的需求通过我们的销售行为得到有效满足。我们则通过销售活动获得经营利润。双方各取所需，互惠互利。

3）诚信原则。诚信是关键，如果消费者对我们所经营的产品心存疑虑的话，他是不会采取购买行动的。我们在销售的过程中，应坚持诚信原则，确保质量，决不能以次充好。

【案例】

今年国庆节前，广东省政府组织多个督查组到各地市督办“地沟油”严打情况。截至目前，全省共取缔无证照食用油经营户33户，捣毁“地沟油”加工窝点36个，查获非正规来源食用油33738公斤，查处食用油经营违法案件60宗。

2011年，广东省财政在2010年2.2亿元食品安全专项资金基础上增加3000万元用于食品安全综合协调及风险监测评估等专项工作。省食安办、质监局积极推进食品生产加工小作坊和食品摊贩立法工作，成立起草小组，制定工作方案，组织召开多部门参与的立法协调会，开展走访调查以及监管人员和法律专家专题研讨等立法调研活动，目前已形成《广东省食品生产加工小作坊和食品摊贩管理条例（草案）》，争取纳入2012年立法计划。

4）相容原则。相容是保障，每个人都有其独特的个性、喜好、优点、缺点。我们与消费者只有在交流过程中，抱着宽容的心态，求同存异，沟通才能顺利进行。

5）共同发展原则。共同发展是目的，沟通的目的就是在互惠的基础上，达成一定的目标，实现沟通双方共同发展的目的。

（二）与消费者打交道的技巧

1）像对客人一样问候顾客。沃迪·阿伦曾说，顾客光临，生意就有80%的成功。在对顾客服务方面，80%的成功就是对光临的顾客像对待自己的客人一样。所以，我们要求服务人员在顾客一进入餐厅就要提供及时的问候、交谈，并且要求声音响亮，让客人感觉到自己是被欢迎的。

2）坦诚地赞扬。人人都喜欢听到别人真诚的赞美，花几秒钟向顾客说一些称赞的话，能有效地增加与顾客间的友谊。让自己养成赞美的习惯，会很快改变你的人际关系，与顾客之间建立起一个和谐、愉快的服务与被服务的氛围。

3）用名字或姓氏称呼。一个人的名字是他或她最喜欢听的声音。在适当的时候，向顾客作自我介绍，并询问他们的名字。假如不便，可从信用卡、预订单或其他证件上获得顾客的名字，你会发现在你的工作中会起到意想不到的效果。不过，也不宜过快亲近起来和过分亲密，通常称“×先生、×小姐”比较保险，如果人们喜欢被直呼其名，便会告知。

4）学会用眼神与顾客交谈。在无法大声说话的情况下，你可以用眼神来交流，告诉顾客有关你愿意为他服务的信息。但时间的合理安排非常重要。我们建议采用10秒钟规则，即使你在忙于服务于另外一个人，也要在10秒钟内用眼神与顾客交流。

5）说“请”和“谢谢”。看起来似乎有些老生常谈。要建立与顾客的密切关系和获取顾客的忠诚，“请”和“谢谢”是重要的词语，是服务中必不可少的用语。

6）多听顾客的意见并经常问“我该怎么做”。很少有人能真正听得进别人的批评。其实，听批评这种技巧提供了最好的超越期望值的机会。听取他人的意见很重要，因为一些最好的想法源于他人对你的批评。要成为好的听众，首先要培养易于接受批评态度及听取意见的方法。始终将顾客作为你注意的中心；让顾客阐明情况，这样就能完全明白他们的需求。不要表现出敌意的态度，而是用真诚的、漫谈的方式来问问题。总之重要的是获取顾客的信息反馈，从而更好地评估他们的期望值。

实践探究

模拟经营“五星大饭店”，分角色扮演服务人员和顾客，评比看看谁扮演的服务生最受人欢迎。

7）微笑。正如格言所说，“没有面带微笑，就不能说有完整的工作着装”。但更为重要的是，它告诉顾客，他们来对了地方，并且处在友好的环境里。要用眼睛和嘴巴显示你对人的真诚，对顾客的到来表示高兴。

二、怎样处理与消费者间的矛盾

在和消费者打交道的过程中，难免产生矛盾。而矛盾处理不好，不仅自己受一肚子气，还会损害饭店的声誉。所以我们必须学会处理与消费者之间的矛盾。

【案例】

少说了一句话

某大餐厅的正中间是一张特大的圆桌，一道又一道缤纷夺目的菜肴送上桌面，客人们对今天的菜感到心满意足。寿星的阵阵笑声为宴席增添了欢乐，融洽和睦的气氛又感染整个餐厅。

又是一道别具一格的点心送到了大桌子的正中央，客人们异口同声喊出“好”来。整个大盆连同点心拼装成象征长寿的仙桃状，引起邻桌食客引颈远眺。不一会儿，盆子见底。客人还是团团坐着，笑声、祝酒声汇成了一首天作之曲。可是不知怎地，上了这道点心之后，再也不见端菜上来。闹声过后便是一阵沉寂，客人开始面面相觑，热火朝天的生日宴会慢慢冷却了。众人怕寿星不悦，便开始东拉西扯，分散他的注意力。

一刻钟过去，仍不见服务员上菜。一位看上去是老人儿子的人终于按捺不住，站起来朝服务台走去。接待他的是餐厅的领班。他听完客人的询问之后很惊讶：“你们的菜不是已经上完了吗？”中年人把这一消息告诉大家，众人都感到扫兴。在一片沉闷中，客人快快离席而去了。

【案例思考】

如果你是饭店大堂经理，你该如何解决矛盾，挽回顾客？

（一）处理消费者异议的礼仪

1）保持微笑。真诚的微笑是您赢得顾客的法宝。俗话说，“伸手不打笑脸人”，零售客户真诚的微笑很容易化解消费者的坏情绪，减少怨气。但微笑也要掌握火候，否则会起到“火上浇油”的作用。

2）以平常心态来对待消费者的异议。对于消费者的异议要有平常的心态，消费者抱怨时常都带有情绪或者比较激动，作为零售客户应该体谅消费者的心情，以平常心对待消费者的过激行为，不要把个人情绪变化带到消费者异议的处理过程中。

知识拓展

微笑时露出6颗牙齿代表着随意和亲和，而露出8颗牙齿就是标准的灿烂微笑了，代表热情。

3）换位思考处理消费者的异议。在处理消费者的异议时，首先应该站在消费者的立场思考问题。如果是自己碰到这种情况，那我会是怎样的心情呢？这样就能体会到消费者的真正感受，找到有效的方法来解决问题。

4）做个好的倾听者。大部分情况下，消费者的异议是一种发泄，喋喋不休地解释只会使消费者的情绪更加激动。面对消费者的异议，零售客户应掌握好聆听的技巧。

5）积极运用非语言沟通。在聆听消费者异议的同时，积极运用非语言的沟通，促进对消费者的了解。比如，注视消费者，使他感觉到受到重视；在他讲述的过程中，不时点头，表示肯定与支持。这都能鼓励消费者表达自己真实的意思，并且让消费者感到自己受到了重视。切记：绝不能在聆听过程中出现如东张西望、皱着眉头、扬着下巴看着对方等漫不经心的神态。

【案例】

深圳某中型美容院美容顾问易某，一日上班时有顾客向她投诉，反映为其安排的美容师刘某专业技术手法差，如不为其调换美容师，她将不再来店消费。在此情形下，易某首先稳住了这位顾客，答应为其更换美容师，然后根据美容院的规定，让另一位美容师为其做了一次免费护理，而且还要求原来的美容师刘某在以后的工作中，每当遇到这位顾客时，都要主动与之热情地打招呼，从而迅速、有效地解决了这一投诉，留住了老顾客。

【案例分析】

在此案例中，由于刘某的诚心相待，原来投诉的顾客不但成了该美容院的忠实顾客，还与刘某成了好朋友，而刘某则从这次事件中汲取了经验和教训，成长为一个优秀的美容师。

（二）学会和不同的消费者打交道

1）喜欢赠品的顾客。便宜人人想占，意外之财人人想要。如果买一样商品还能得到额外的赠品，那对于顾客是喜闻乐见的。在价格质量完全相同时，任何人都会选择有赠品的一方，但人人都有自尊心，心里虽然这样想，却不愿让别人知道是奔赠品而来的。赠品选择上应注意：不必太精致，但要对顾客留下深刻的印象。

2）带孩子的顾客。服务人员应该懂得怎样为顾客排忧解难，当孩子出现家长无法处理的尴尬事情时，服务人员应该尽力帮助处理并不求言谢，有意借小孩拉近与顾客之间的人际关系，这种方法屡试不爽。

3）见多识广的顾客。应付见多识广的顾客的最佳诀窍，就是用优于他们的商业知识以正确、易懂、富有感情的谈吐向他们解释。合格的服务人员应有能力说明售货区内任何商品，不知如何回答顾客时，应表明态度“我刚来，还不太清楚，麻烦您稍等片刻，我立刻请别人来为您解答”。如找不到可帮助的人也不可含糊其辞，坦诚地向对方请教以博得其好感。

4）慕名前来的顾客。与其他一般的顾客不同，慕名型顾客在“爱得深，恨得深”的心理驱使下，对其信任的商场或品牌一时绝望，效果就会很强烈，不仅顾客本身难再争取，就连其亲戚朋友也会受到影响。故对待“慕名型”顾客一定要真诚，售后服务一定要做到家。

5）犹豫不决型的顾客。日常生活中，很多人面临各种选择优柔寡断、百般踌躇，他们在挑选商品时也犹豫不决，面对诸多商品难以取舍。当顾客询问营业服务人员时，根据你所观察出他最注意的一款，以自信的口吻对他说“小姐（先生）我认为这种最适合您！”

6）慎重的顾客。处事谨慎、凡事考虑得较为周到的顾客即为慎重型顾客。在顾客较谨慎时，可先谈一些说明，比如不能让价，但售后服务周到，可分期付款等，引起对方购买欲，再催促其下决心，如客人故意说其他商场较为便宜时，此种情况应先说明价格绝对公道，然后严肃地说“请再比较看看”，切忌顾客回头时摆出高傲态，应保持殷勤有礼。

想一想

假设你是一家饭店的大厨，某天你做的菜被顾客退回，这时你该如何应对这位顾客？

模块四　厨师的职业礼仪

有的同学认为，厨师只是在后厨工作，与顾客接触机会比较少，因而个人的职业礼仪并不是十分必要。而实际上，作为一位现代厨师，不知礼，则必失礼；不守礼，则必被视为无礼。若缺少相关从业礼仪知识和能力，必定会经常感到尴尬、困惑、难堪与失落，进而会无缘携手成功。

作为一名现代厨师，我们不仅要有过硬的技术，还要具备相关的职业素养和礼仪。因此我们从现在起就要严格要求自己，养成良好的职业礼仪。

【案例】

林海华是花家怡园的行政总厨，从 1988 年开始做厨师到现在，他已经由当初一个厨房杂工变成了一个大厨。

林海华是个地道的广东人，但是在北京工作的这几年已经练就了一口流利的普通话。作为厨师长，他经常亲自下厨把拿手菜做给食客们品尝。干净的制服，被剪得秃秃的指甲，他说这是做这行最基本的要求，入口的东西就要讲卫生。

记者（以下简称记）：都说“众口难调”，你在做菜时是怎样把握这个度的？

林海华（以下简称林）：厨师在做菜前先要跟服务员沟通，看客人是哪里人，对菜有什么特别的要求，根据“南甜北咸”这个大准则，做到心中有数。

记：我看你的衣服挺干净，头发剪得很短，没有留指甲，这些都是行业要求吗？

林：是的。厨师做出的东西是要入口的，所以在卫生上要求特别严格。进入厨房必须换上工作服，不能留长发和指甲。当厨师生病时，不能进入厨房。

记：你认为怎样是个好厨师？

林：作为一名好厨师首先要有“厨德”，就是做一名讲职业道德的厨师。比如说，今天心情不好，或是挨批评了，但一拿起炒勺，要把这些统统丢开，把注意力全放在怎样炒好这道菜上。其次要有钻劲，反复研究怎样把一道菜做好，色香味营养面面俱到。我以前做菌类菜时，为了保留它的营养采用的是清炒，营养是保留了可是口感不好，后来我反复实验，在做这道菜时加入了瘦肉、甜面酱，味道浓了，适合北京人的口味，而且菌类的营养也利于人体吸收。

记：你认为对你厨艺的肯定，是通过获奖来表现，还是得到顾客好评更重要？

林：当然是顾客说好吃。获奖只是对我肯定的一方面，我更注重顾客的评价。菜是做给顾客吃的，当他们肯定时，我才觉得是对我的肯定。比如推出一道新菜时，我会注意顾客的反应，当他们满意时，再累我也觉得高兴，值得。

【案例思考】

林海华身上具有哪些厨师的职业礼仪？

一、厨师职业道德规范

1. 工作规范

1）遵守法规，健康达标。

2）规范操作，按时清洁。

2. 工作标准

（1）健康标准

1）厨师应当严格按照饮食卫生健康要求进行体检，体检合格并获得卫生管理机构颁发的健康证后再上岗。每年还要定期做健康检查。

2）工作中如出现呼吸系统疾病、肠炎，突发疹、脓疮、外伤、结核病、传染病等，应立即向主管汇报，看病就医并停止工作，千万不能隐瞒病情或带病上岗。

3）手部有创伤时，不能接触食品，伤口细菌一旦污染到食品，容易引起食物中毒。

（2）个人卫生标准

1）厨师应讲究个人卫生，养成良好的卫生习惯，这是尊重客人的具体体现。

2）工作时不能用手挠头、挖鼻孔、掏耳朵、擦鼻涕。

3）不随地吐痰、咳嗽，打喷嚏时用纸巾掩住口鼻，之后及时洗手。

4）饭前便后要洗手。接触食品、餐具、器皿前要洗手。

5）从事食品加工工作时，应当佩戴专用的工作帽、口罩、手套等，不佩戴任何饰物，不涂指甲油。

（3）厨房设备、厨具卫生标准

1）刀和砧板要生、熟分开，混用既不卫生又没有职业道德。

2）使用完刀和砧板后应当及时清洗消毒并擦干。平时应当保持砧板自然干燥。砧板如果凹凸不平，容易藏匿污物，需要刨平后再使用。

3）及时清洗抹布，消毒并晾干。

4）及时清洗消毒容器、器皿。

5）烹饪完毕后，应立即擦拭炉灶、烤箱、炸锅、微波炉等，不留污垢和油渍。

6）定期清洗冰箱、冷冻柜、制冰机等设备。

7）厨师应熟知各类食品的最佳储存温度、储存的时限及正确的使用方法。

8）保证洗碗机、洗涤池等洗涤设备干净卫生。

9）时刻保证下水道、水管装置清洁卫生，防止堵塞。

二、厨师的礼仪规范

1）仪表仪容。厨师应当仪表端庄、仪态大方、精神饱满、举止得体、微笑服务、自尊自爱。

2）服饰得体，鞋袜清洁，发型整齐美观，修饰得当，毛发不外露，女性厨师上岗时间不得涂抹指甲油，不得佩戴戒指等饰物，更不应留长指甲。在具有展示性的操作间工作时，厨师工作细节不允许出现不文雅的举止，例如，挠头皮、挠痒、打喷嚏、打哈欠等，手不能随便触摸，避免给顾客留下食物不洁净的感觉。

3）对待顾客，首先要真诚服务，用心对待。也就是说对待我们的客户，只有用发自内心的热情和真诚的服务才可能使客人感到亲切和愉快。就像著名饭店创始人希尔顿先生说："我宁愿住在只有破旧的地毯和简陋的环境里，也不愿走进只有豪华设施，却没有真诚微笑的地方。"

4）对待顾客要努力使其达到满意为标准。因为客人来自四面八方，饮食习惯也千差万别，作为厨师，要尽可能根据客人的喜好，来调整你的菜品，尽可能地达到食客的满意。只有顾客满意，企业才有效益，你的工作才能得到别人认可。所以，对待客人一定不能马虎、应付，要抱着认真的态度保证每一个菜品。

5）当客人就餐时，厨师应当注意最基本的就餐的礼节礼貌，以免顾客消极遐想到饭菜卫生程度。后厨和客人接触时，应当注意掌握文明用语，能够主动招呼顾客，向顾客致歉致谢。同时要学会认真倾听顾客提出的问题意见，并做出得体应答。

6）尽可能体谅体会顾客的心理，学会换位思考，用得当的方式迎合顾客需求，同时不要介入顾客的私人谈论话题，忌对客人评头论足。

主题练习

拓展训练题

1．根据所学知识，总结"沟通小窍门"，并与班级同学讨论交流。

2．幽默也有伤人的可能，比如"开玩笑过度"。组织一次探究"开玩笑的规则"的讨论活动。

3．老板为了奖励员工，制订了一项海南旅游计划，名额限定为10人。可是13名员工都想去，部门经理需要再向上级领导申请3个名额，如果你是部门经理，你会如何与上级领导沟通呢？

4．假设你是一名新进帮厨，想想自己该如何跟厨房里的同事相处？

5．审视自我，这些厨师的职业礼仪我具备了吗？

主题五

烹饪职业劳动

厨房职业劳动是厨房工作者在日常工作活动中必须经历的职业过程，其中包括厨房生产环境整顿、厨房生产环境与设备卫生、厨房生产操作中的安全、厨房安全管理等厨房生产管理环境，准确地掌握这些生产环节，可以大大的提高厨房工作效率。

模块一　厨房生产环境的整顿

厨房可称为餐厅的工作中心，除了烹调以外，原料的初加工、餐具的洗涤和消毒等往往也是在厨房中进行。美国假日旅馆集团创始人凯蒙·威尔逊曾经说过，没有满意的员工就没有满意的顾客，没有使员工满意的工作场所，也就没有使顾客满意的享受环境，由此可见，一个设计合理的厨房，是餐饮工作的起点。

一、厨房整体的设计

厨房设计就是确定厨房的风格、规模、结构、环境和相应的使用设备，以保证厨房生产的顺利进行。

厨房整体设计包括功能设计、建筑设计、厨房布局设计。其中，作为厨房的工作者，要对厨房的功能设计与要求比较明确，设计单位和建筑施工单位才能对建筑设计与设备的布置设计进行开展。

（一）厨房的基本结构和功能要求

1. 储存区

储存区为货物进料、过磅、验收、登记、存储的场所。所有进入厨房的原料都必须经过这几道工序。仓库的存储量必须和酒店的供应量挂钩，据统计每人每餐的食品原料平均需求量约为 0.8 到 1.1 千克。所以根据餐厅的餐位数就可以计算出库存量。储存区的设计还必须考虑到合理的推车、磅秤、平板货架、沥水菜架、地架的尺寸要求。

2. 加工区

厨房加工区域，包括对原料进行粗加工和深加工及其随之进行的腌浆工作。生鲜原料经过点验和过磅，为保持新鲜度必须立刻分拣与加工。国内的厨房采购的原料很大部分还是粗料，对于这些粗料的加工就称为粗加工。

3. 烹饪区

烹饪区是厨房的心脏，几乎所有的菜品都是从这里加工出来，而对于这里的设计就更为重要。

热菜配菜区，主要根据零点或宴会的订单，将加工好的原料，进行主配料配制。该区的主要设备是切配操作台和水池等。要求与烹调区紧密相连，配合方便。

热菜烹调区，主要负责将配制好的菜肴进行熟制处理，使之进入成肴阶段。该区域设备要求高，设备配备数量也至关重要，直接影响到出品的速度和质量。该区设计要求与餐厅服务联系密切，出品质量与服务质量相辅相成。

冷菜制作与装配区，负责冷菜的熟制，改刀装盘与出品等工作，有些饭店该区域还负责水果的切制装配。

饭点制作与熟制区，负责各种主食和点心的制作，该区域一般多将生制阶段与熟制阶段相对分离，空间较大的面点间，可以集中设计。

洗消区，洗消区可分为洗碗间与消毒间。主要是为了饮食卫生，防止食物中毒。

辅助区，不同规模的厨房会有一些辅助区域，比如冰库、更衣间、淋浴间、洗手间等，其中冰库尤为重要，它是食物储藏室的心脏，但是部分厨房由于面积和种种原因，会精简掉冰库，取而代之的就是六门冰箱、四门冰箱、冷藏工作台等。

（二）厨房的整体布局设计

厨房布局设计即根据饭店餐饮经营需要，对厨房各功能所需面积进行分配、所需区域进行定位，进而对各区域、各岗位所需设备进行配置的统筹计划和安排工作。具体地讲，厨房布置设计要在依据饭店星级档次、餐饮规模及经营需要的前提下，着重做好以下两方面工作：其一，具体结合厨房各区域生产作业特点与功能，充分考虑需要配备的设备数量与规格，对厨房的面积进行分配，对各生产区域进行定位；其二，依据科学合理、经济高效的总体设备，对厨房各具体岗位、作业点，依据生产风味和规模要求进行设备配备，对厨房设备进行合理布局。

1. 厨房整体设计与布置原则

1）厨房设计应从人体工学原理出发，考虑减轻操作者劳动强度，方便使用。每台设备经过长期工作经验的积累，已加入了很多人性化的东西，比如圆弧形的桌边和灶边，可以减少工作人员与设备过于生硬的碰撞，从视觉上说也有一定的缓和作用。

2）厨房设计时，应合理布置灶具、脱排油烟机、热水器等设备，必须充分考虑这些设备的安装、维修及使用安全。灶具的布置必须和房屋的结构和整个厨房的布局相协调，必须考虑适合的排烟位置，也要适应厨房的工作流程。

3）厨房设备的材料应色光洁、易于清洗。现代厨房所用的材料一般是不锈钢，它清洁而光亮，始终表里如一，清洁也很方便。

4）厨房的地面，宜用地面、花岗岩等防滑、防水、易于清洗的材料。厨房的工作流程和工作方式要求厨师必须进场来回走动，而且全部是油水环境，所以要求地面一定是防滑防水，至少在安全方面要保证厨师不摔倒。这样最合适的材料就是地砖和花岗石了。而厨房每个工作时段结束必须打扫卫生，地面的油水必须清洗干净，所以选择材料必须选择那些好清洗的。

5）厨房的顶面、墙面宜选择防火、抗热、易清洁的材料。对于顶面、墙面的材料选择，必须考虑厨房的工作环境，厨房是油、水、火、电、气等交汇的地方，这些地方装潢材料的选择必须得适应相应的工作环境，要选择防火、抗热、易清洁的材料。

6）厨房的装饰设计不应影响厨房采光、照明、通风的效果。一个厨房，它的工作环境必须有个好的自然采光，由于灶具的工作会产生很多油烟，厨房的通风效果直接会影响到厨房的整个工作。

7）厨房装饰设计时，严禁移动煤气表，煤气管道不得做暗道，同时，应考虑抄表方便设计厨房布局。

2. *厨房位置的确定*

厨房安排在饭店的什么位置是很重要的。一方面，厨房产品要尽可能在较短的时间内上桌，才能保证其风味，生产和消费几乎要在同一时间段进行，所以生产的场所原则上不要远离餐厅。另一方面要考虑到厨房有垃圾、油烟、噪声产生，厨房的位置又不能完全靠近餐厅。厨房的位置安排，要遵循以下几种原则

1）要保证与餐厅在一起，如果不能，要有专用通道保证能够上菜的及时和通畅。从形式上来看，厨房与餐厅连接可以有三种形式：一是厨房围绕餐厅；二是厨房置于餐厅中；三是厨房紧邻餐厅。

2）要保证进货口与厨房连接，如果不能，要有专用电梯保证货品的及时补充。

3）要保证仓库与厨房的距离，要保证仓领的渠道通畅。

4）要保证污水、垃圾排放和清理的方便性。要尽可能将厨房安排在低楼层，便于货物的运输和下水排放。

5）要远离厕所，防止滋生蚊蝇。

6）要离开客房一定的距离，防止气味噪声干扰顾客。

7）厨房必须选择在环境卫生的地方，若在居民区选址，30m 半径内不得有排放尘埃、毒气的作业场所。有些城市规模新建小区设立专门餐饮区，要求独立于住宅楼。

8）厨房必须选择在消防十分方便、相对独立的地方。厨房位置尽量不要在综合性饭店主楼以内或直接建在客房下层。厨房必须选择在脱排油烟的地方。厨房的排烟应考虑全年主要风向，应建设在下风或便于集中排烟的地方，尽量减少对环境的污染破坏，避免对饭店建筑、客房附近居民造成的不良影响。

9）厨房必须选择在方便连接和使用水、电、气等公共设施的地方，以节省建筑投资。

3. *常见的厨房位置*

归纳各种规模和形式的餐饮企业，可以发现厨房所处的实际位置一般有以下三种类型。

1）设在底层。考虑到垃圾与货物运输方便，以及能源输送的方便，大多数饭店选择这种安排。

2）设在上部。这种情况一般针对高层酒店。因为许多高层酒店处在非常优越的地理位置，为了不浪费楼顶资源，设立旋转餐厅或观光餐厅。

3）设在地下室。如果底层面积紧张，多数饭店会选择地下室作为厨房，这类厨房弊端较多，一般原料和垃圾的运输都是通过电梯，效率不是很高。

二、厨房生产区设计

厨房生产区设计是根据厨房的经营目标、生产规模和生产能力，确定厨房相应的面积、风格、设备布局的一种规划过程。严格地讲，饭店生产区设计应该有专业人士来参与设计，

否则，不佳的厨房设计会给以后的厨房生产带来诸多的不方便。

【案例】

为什么上菜慢?

有一家餐厅，上菜的速度很慢，经常受到客人的投诉，经理想尽了办法，也无济于事。原来厨房布置中，细料柜距离加工点很远，而冷菜间在厨房的最里面，厨房设计不科学，大家工作起来很别扭。客人一般都是点完冷菜点热菜，如果冷菜间距离餐厅很近。点菜的时候再把冷热菜分成两张单，冷菜点完后先传下来，那么等客人点完热菜，冷菜就可以上桌了。

【案例思考】

结合案例谈谈还有哪些方面可以提高厨房上菜速度?

厨房的平面设计看起来很简单，在实际工作中，我们往往是凭借其经验来设计，但要做到高效、最佳的效果，需要科学的方法来实现。那么有哪些科学的方法，值得我们考虑和应用呢?

(一) 面积的确定

（1）影响厨房面积的因素

1）原料加工程序。发达国家对食品原料的加工已实现机械化，如猪肉已分为排骨、里脊等，按质论定价；国内厨房尝试对去掉内脏的半片猪进行分类加工。

2）供应菜肴品种。中国菜肴之丰富，首屈一指。中国烹调历来着重色香味形气质。

3）设备的先进程度与厨房空间的利用率。

（2）厨房面积的含义

厨房面积是指中餐厨房、西餐厨房、风味餐厅厨房、咖啡厅、酒吧厨房等各个生产区域所有面积。但对于调味品库、瓷器库、与厨房工作人员的办公、生活用房等库房是否划入，国内外有不同做法，国外常将他们列入后勤服务面积中，国内则两者兼有。两种不同的划分方法，造成厨房面积指标不同。

（3）厨房面积指标

厨房面积、布局与餐厅的营业直接有关，在筹建设计旅馆时，恰如其分地确定厨房面积是很重要的。由于原料加工程度，厨房设备及管理方面的差别，我国自行设计与管理的旅馆的厨房面积一般大于国外旅馆。这可从两个方面予以讨论：

其一，从餐厅、宴会厅、咖啡座的面积总和与各个厨房的面积总和之比看，如日本厨房的总面积是餐厅、宴会厅、咖啡座总面积的三分之一到二分之一。我国厨房餐厅面积往往是餐厅、宴会厅、咖啡厅总面积百分之七十到百分之百（上述厨房面积均包括与厨房有关的各类库房）。

我国新建的外资旅馆或者中外合资、由国外建筑师设计的旅馆，厨房与餐厅面积的比例则介于上述两者之间见表 5-1。

表 5-1 上海几个旅馆餐厅、宴会厅、咖啡厅与厨房面积统计

旅馆名称	餐厅面积/m²	宴会厅面积/m²	咖啡厅面积/m²	前三项合计面积和/m²	厨房面积/m²	餐厅与厨房面积比
上海宾馆	1385	720	97	2382	2022	1∶0.85
静安希尔顿	2088	1053	394	3535	3030	1∶0.86
新锦江大酒店	1507	1059	433	2994	2103	1∶0.70
扬子江大酒店	1915	535	240	2690	1990	1∶0.74
太平洋大饭店	1125	1482	372	2979	1390	1∶0.47
贸海宾馆	1020	1040	-	2060	1810	1∶0.88
国际贵都大酒店	1780	573	412	2765	1716	1∶0.62

表 5-1 是上海几个旅馆餐厅、宴会厅、咖啡厅、厨房面积的统计表，从中可以了解我国有关厨房等的面积与餐厅的面积比例。餐厅面积与厨房面积有一定的关系，若餐厅面积增大时，厨房面积比例逐渐下降。

其二，从局部看，不同种类的餐厅，由于菜肴的特色不同，操作工艺复杂程度不同、设备不同，所需厨房面积也应该不同。另外，餐饮部分的餐厅、咖啡厅、酒吧、酒廊等不同功能场所其厨房面积亦不相同。

一般西餐厅的厨房面积是餐厅面积的 22%～26%，中国餐厅的厨房面积是餐厅面积的 25%～27%，日本餐厅的厨房面积是餐厅面积的 23%～25%，快餐厅的厨房面积是餐厅面积的 12%～20%，小吃店铺的厨房面积是店铺面积的 20%～30%。

（二）各工作中心的确定

厨房布局依据产品和工作流程，通常把厨房系统分成三部分，每部分再分各自所需设置的部门，从而构成整个厨房体系。这三部分是：食品接收、储藏及加工区域；烹饪作业区域；备餐洗涤区域。他们是餐饮生产所必需的，布局时应形成清楚的格局，保证厨房有一个通畅的生产程序。

第一区域的布局应包括进货口，验收处，干货库，冷藏库，办公室和加工间。这一部分根据加工的范围和程度确定其规模的大小。

第二区域的布局应包括冷菜间、点心间、配菜间、炉灶间、冷藏处、干货处、办公室。冷菜间、点心间、办公室应单独隔开，配菜间与炉灶间可以不分隔。

第三区域的布局应包括备餐间、清洗间、餐具储藏间。小型饭店可以不进行分隔。

（三）仓库及其他区域

（1）厨房各类仓库面积

仓库面积根据贮存量和货架标准确定。仓库面积应为整个营业面积的 16%，相当于厨房面积的 38.1%。若考虑通道，货架所含面积应增加 30%，墙厚面积一般应增加 30%，冷库应增加 20%

（2）厨房垃圾量

先计算每天垃圾量，贮存量可按两天计算，所需垃圾容器数以每个容器可容 63kg 垃圾计算，每个容器占地面积按 0.28m² 计算，另外要安排洗容器小间。例如，假设某厨房每天垃圾量为 803kg，贮存两天的量为 1600kg，则需容器近 25 个，对应垃圾室 7m²，洗容器间应为 10m²。

（四）厨房布局

（1）厨房整体布置方式

酒店的厨房可以很多，但总有一个是主厨房，其他均是较为简单的厨房。一般主厨房的总体布局有三种形式：

1）统间式。统间式是小型厨房（每餐供应200～300份菜）的主要布置形式，将厨房加工区、烹饪区、洗涤区等布置在一个大间内，平面紧凑，面积经济，有自然通风条件，各工序间联系方便。

2）分间式。将切配加工、烹饪、点心制作、洗涤等分别按工艺序列布置在专用房间里，卫生条件良好，相互影响小，适合有空调的厨房，面积比统间式大。

3）大小间结合式。这种方式结合前两种的特点，一般把切配、烹饪置于大间，点心、冷盘制作和洗涤在小间。这种布置卫生条件较好，联系也方便，是一般大中型厨房（每餐供应400～10000份饭菜）常用的布置方式。

（2）厨房作业区的布局

厨房作业区是由若干个工作岗位的作业点组成，作业点是厨房布局的最基本单位，是每一位员工的操作岗位。各部门所需作业点的多少，取决于部门的工作量。作业区场地的形状、大小、设备的情况，既要考虑人体伸展的限度和节省作业动作，同时又要考虑作业时食物的流向。下面是作业区和工作岗位的布局的几种类型。

1）L型布局。L型布局通常沿墙壁设计成一个犄角形，如图5-1所示的是面包制作场地的布局，作业区的工作流程由图解表示。这个流程考虑到制作面包的工作特点和操作的方便。因此水池紧靠着搅拌机。当搅拌后要进行分割，所以工作台才紧靠搅拌机。后面接着是醒发和烘烤设备位置。

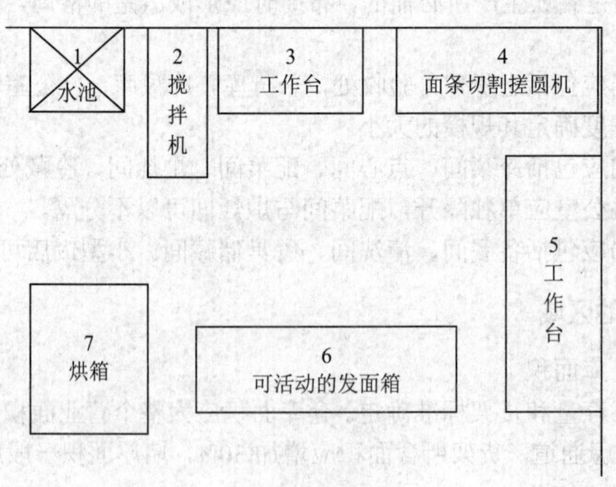

图5-1　面包房L型布局示意图

2）直线型布局。直线型布局是将设备按一字排列，工作流程从起端直线流向另一端终点。图5-2所示的是蔬菜加工作业区的布局，工作流程由图解说明表示。

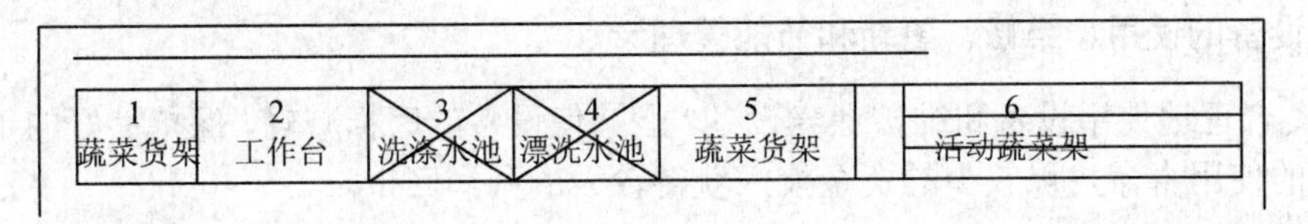

图 5-2　蔬菜加工间直线型布局示意图

3）U 字型布局。U 字型布局是将设备的摆放和工作流程设计成 U 字形状，如图 5-3 所示。

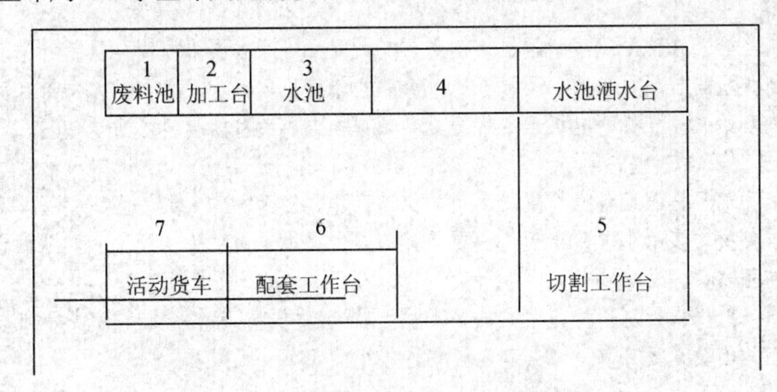

图 5-3　切配作业区 U 字型布局示意图

4）平行状布局。是将设备分成两排，面对面平行排列或背对背排列。图 5-4 和图 5-5 展示的是炉灶作业区的布局。

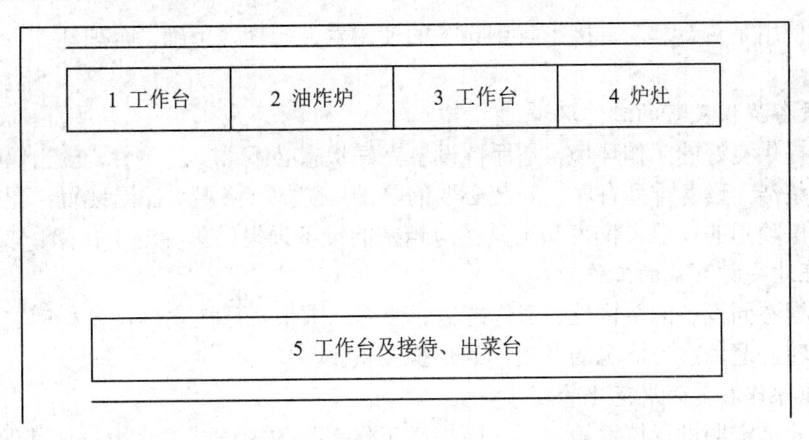

图 5-4　炉灶作业区平行状（背对背）布局示意图

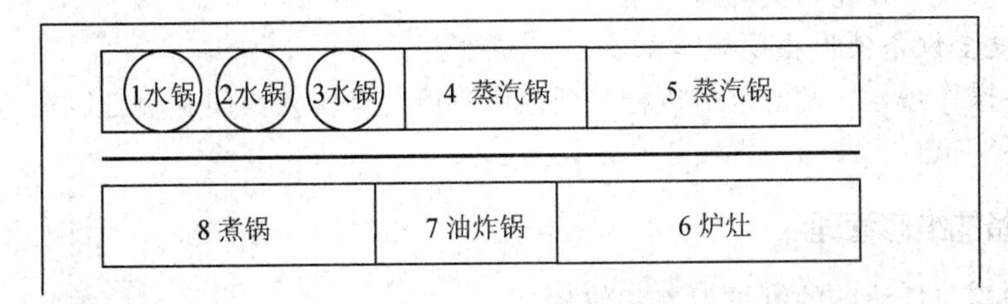

图 5-5　炉灶作业区平行状（面对面）布局示意图

三、厨房设备的使用、维修、更新和节能管理

正确、合理地使用设备和维护保养设备，能够使设备的磨损减轻，保持良好的工作性能，延长设备的使用寿命，以较少的资金投入获得较大的利润回报。

【案例】

多功能蔬菜斩拌机使用不当的后果

一天，员工小李正在使用蔬菜斩拌机切割水果，此时由于顾客要求急需少量新鲜牛肉，小李就图省事，用蔬菜斩拌机斩拌新鲜牛肉，不料没有一会儿，斩拌机就停止了工作，无法再启动了，找来维修工人一查，发现蔬菜斩拌机的电机已经烧毁，必须更换电机蔬菜斩拌机才可以使用。

【案例解析】

这是一起典型的不按照设备操作规程进行的错误操作。由于操作人员的侥幸心理，明知蔬菜斩拌机不能用来斩拌筋腱较多的牛肉，只因为需要斩拌的肉类量少，而认为问题不大，从而损坏了设备，减少了设备的使用寿命。

蔬菜斩拌机只能用来切割斩拌蔬菜，瓜果类脆性较大的原料，而肉类斩拌机不仅可以用来切割斩拌较大筋腱较多的肉类，还可以用来切割斩拌韧性较小的蔬菜、瓜果类。

【案例思考】

简谈厨房设备在无原则的使用情况下会造成哪些危害？

（一）设备的使用管理

设备的使用是否合理，直接影响到设备的使用寿命周期，正确、合理地使用设备，应当做好以下几点。

1. 为设备提供良好的工作环境

为设备提供良好的工作环境，是保持设备完好状态必不可少的条件，应当保持设备所处场地的干净整洁，设备排列有序；安装必要的防潮、防护、降温、保温装置；配备必要的测量、控制和保险用的仪器、仪表和工具；对精密的设备须提供单独的工作间。

2. 合理地安排设备的工作量

应当根据不同设备的结构性、工作能力、使用范围来合理地安排设备相应的工作量，严禁超负荷运转，避免意外情况的发生，确保操作安全。

3. 加强操作人员的规范化管理

对操作人员定期进行技术培训，不断提高工作人员的操作技术水平，使其做到会使用、会维护保养、会检查设备、会排除一般故障。

4. 建立健全设备使用各项规章制度

建立设备操作规程、设备维护规程、交接班制度、操作人员岗位责任制等一系列规章制度，并严格落实执行。

（二）设备的维修管理

设备的维修包括设备的维护保养和修理。

1. 设备的维护保养

设备要处于正常完好的状态，除了要正确使用设备以外，还要做好它的维护保养工作。做好维护保养，可以保证设备的正常运转，减少故障和修理次数，延长设备的使用寿命。厨

房设备种类很多，其结构、性能、使用方法各不相同，设备的维护保养工作的具体内容也不完全一样，但其基本内容是一致的，包括清洁、安全、整齐、润滑、防腐。

清洁是指各种设备内外要清洁，做到无尘、无灰、无虫害，保持良好的工作环境。

安全是指设备的各种安全保护装置要正常，要定期进行检查，不漏电、不漏油、不漏气、不漏水，保证不出事故。

整齐是指各种工具、附件放置整齐，管路线路完整，各种标志醒目美观。

润滑是指某些设备必须定时、定点、定量加油，保证运转顺畅。

防腐是指设备要防锈和防腐蚀。

设备的维护方法很多，可采取三级保养制度。

（1）设备的日常维护保养

设备的日常维护保养是全部维护工作的基础，其特点是经常化、制度化。日常维护保养包括班前、运行中、班后的维护保养。

1）班前维护要求。检查电源以及电气控制装置安全可靠，各操作机构正常良好，安全保护装置齐全有效，做好清洁卫生，对于设备有运转的工作人员检查上一班次的交班记录，并填写接班记录。

2）运行中维护要求。严格按操作规程操作，注意观察设备的运转情况和仪器仪表的工作状态，通过声音、气味发现异常情况，设备不能带故障运行，如有故障应停机检查并及时排除，并做好故障排除记录。

3）班后的维护要求。保持设备清洁，工作场地整齐，地面无污染，设备上全部仪器仪表、传动机构、油路系统、冷却系统、安全保护系统完好无损，灵敏可靠，指示正确，无滴漏现象，非连班运行的设备，在完成保养后应回到非工作状态，切断电源，认真填写运行记录和交班记录。

（2）设备的一级保养

设备的一级保养的目的是使操作人员逐步熟悉设备的结构和性能，减少设备磨损，延长使用寿命，消除设备事故隐患，排除设备一般故障，使设备处于正常状态，使设备达到整齐、清洁、润滑、安全要求。

设备一级保护的具体内容包括保养前做好日常保养内容，切断电源，根据设备使用情况，对部分零部件进行拆卸清洗，对设备的部分配合间隙进行调整，除去设备表面黄斑、油污，检查调整润滑油路，保证畅通不漏，清扫电器箱、电动机、安全防护罩等，使其清洁固定，清洗附件和冷却装置等。参加一级保护的人员以操作工人为主，维修工人为辅，一般每月一次或设备运行 500 小时后进行。每次保养填写保养记录卡（表 5-2）。

表 5-2　一级保养记录卡

设备编号			设备名称		型号规格	
复杂系数	机	电	计划工时		实用工时	
施工要求	按照一级保养规定内容进行保养					
主要保养内容： 操作者：　保养日期：						
验收意见： 验收人：　日期：						

（3）设备的二级保养

设备二级保养的目的是使操作者进一步熟悉设备的结构的性能，延长设备的大修周期和使用年限，提高设备的完好率。

设备二级保养的具体内容包括根据设备的情况进行部分或全部拆卸检查和清洗，检查、调整设备精度，校正水平，检修电动机、线路，对转动箱、液压箱、冷却箱等清洗换油，修复或更换易损零件。参加二级保护的人员以维修工人为主，操作人员为辅，一般每一年一次或设备运行 2500 小时后进行。每次保护后填写保养记录卡（表 5-3）。

表 5-3　二级保养记录卡

设备编号		设备名称		型号规格		复杂系数	
计划　工时		实用　工时		停台　昼夜		实际费用	
存在问题							
实际保养内容： 操作者：　保养日期：							
验收意见： 验收人：　日期：							

2. 设备的修理

设备的修理是对那些由于损坏而影响正常工作的设备进行修理。修理目的是修复和更换已经磨损或腐蚀的零部件，使设备的功能尽可能地恢复。

设备经过一段时间的运行后，会不同程度地产生磨损。磨损一般可分为两种，一种是有形磨损，是由于设备的使用而发生的机械磨损，是物质上的磨损；一种是无形磨损，是因为科技的进步使设备的价值降低。设备有形磨损的局部补偿是修理，无形磨损的局部补偿是现代化改造，两种磨损的完全补偿则是设备的更新。

> **想一想**
>
> 我们应如何正确使用设备，避免厨房磨损？

（1）设备修理的方式

由于设备的机构、性能不同，可采取不同的修理方式。

1）定期维修。定期维修是一种以时间周期为基础，在设备经过一段时间的运行后，为了保持设备的良好技术性能，使之恢复实现基本功能的能力，对其采取一定的技术措施。其特点是所需的人力资源、物质资源、时间资源可以计划，其间隔时间和进程可以控制。

2）状态检测维护。状态检测维护是一种以设备技术状态检查和诊断信息为基础的预防性维修方式，通过建立设备技术状态检测制度和设备点检查制，获得设备故障发生前的征兆信息，综合分析和计划后适时采取技术措施。其特点是使修理工作安排在故障将要发生而未发生的时候。

3）事后维修。事后维修也叫故障维修，是设备发生故障后或设备基本性能降低到允许范围之下时的非计划性维修，适合于价值低且利用率低的设备。

4）无维修设计。无维修设计是指某些设备在使用很长一段时间内不必维修，待其出现故障时，其自身的价值（包括物质价值和技术价值）已基本下降到零，不必再进行维修，可使设备作报废处理。

设备出现故障或例行检查时发现问题，要及时报修，并填写维修通知书（表 5-4）。

表 5-4　维护通知书

维修部门		日期	
维修地点			
维修内容			
报修人签名		部门主管签名	
委派		计划工时	
实用工时		完成日期	
维修用料	数量	价格	小计

维修人签字：　　　　　报修部门验收签字：　　　　　　备注：

（2）设备修理的种类

设备修理的种类一般可分为大修、中修、小修。

1）大修是一种已全面恢复设备工作功能而由专业维修队伍进行的大工作量的计划维修。这种修理需要对设备全部或部分拆卸、分解，更换和修复磨损的零件，使设备恢复原有的性能。

2）中修是指更换和修复设备的主要零件和数量较多的其他磨损的零件，需要把设备部分拆开，使设备能使用到下一次修理。

3）小修是指小工作量的局部维修，主要涉及零部件或元器件的更换和修复。

知识链接

设备的点

设备的点是指预先规定的设备关键部位或薄弱环节。设备的检是指通过人的五官或运用检测手段进行调查，及时准确地获取设备部位的技术状况或劣化的信息，及早预防维修。对设备建立点检制度能减少设备维修工作的盲目性和被动性，能及时掌握并消除故障隐患，从而提高设备的完好率和利用率，提高设备的维修质量，并节省费用，提高总体效益。

3．设备的备件管理

为了保证设备的正常运转以及能够对设备及时进行维修，平时必须准备有一定数量的备件，便于更换易损件。设备的备件管理应当做到库存合理，保证及时供应，由此需要做到以下几点。

1）编制备件计划。掌握各种备件的年消耗量及其需求规律，并编制所需要备件的种类和数量目录表。

2）做好采购、订货的工作。依据备件计划、做好采购、订货的工作。关键是掌握好备件到货周期。

3）做好备件资料的管理。备件资料包括各种图、表以及说明书等，资料必须保存好。

4）做好备件的储存和保管工作。按照规定的周期核对备件，做到账、卡、物一致。

（三）设备的更新管理

当厨房的设备运营了一定时间，设备就会损坏或老化而不能满足经营的需要，就必须对原有的设备进行技术、效率、安全、环保和节能等方面的改造工作或直接淘汰购买新的设备。

更新是指用经济上效果优化的、技术上先进可靠的新设备替换原来在技术上和经济上没有使用价值的老设备。设备的改造是指通过采用国内外先进的科学技术效果，改变原有设备相对落后的技术性能，提高节能效果，改善安全和环保特性，提高经济效益的技术措施。

设备的更新改造的时机是依据设备自身情况和生产是否需要以及企业的经济实力来决定的。适时地进行更新或改造，可以提高工作效率，更好地为顾客服务。

一般设备的改造结合设备的大修进行。设备的更新与报废手续要同时办理，设备报废的原则为：

1）国家指定的淘汰产品。

2）已经超过使用期限，损坏严重、修理费用昂贵或大修后设备的性能无法满足要求。

3）因自然灾害或事故遭到破坏，修理费用接近或超过原设备价值（特殊进口产品除外）。

4）无法修复的设备。

1. 设备更新改造的种类

设备更新改造的各类一般可分为三种：

1）单机设备更新改造是对单机设备采取的技术措施，如烤箱、电冰箱的更新改造。

2）系统设备更新改造是针对某一具有特定功能的系统设备性能下降、效率低下或能耗太高、环保性能差等具体问题进行的技术措施，如空调系统等。

3）全面更新改造包括土建、环保等项目的设备全面更新改造。

2. 设备更新改造的程序

对设备进行单机或系统更新改造，首先由使用部门或管理部门提出申请，经相关部门进行综合评定后提交领导批准实施。设备改造、更新申请表见表 5-5。

表 5-5　设备改造、更新申请表

<table>
<tr><td colspan="2">设备名称</td><td></td><td>改造或更新项目</td><td></td></tr>
<tr><td colspan="2">型号</td><td></td><td>要求完成日期</td><td></td></tr>
<tr><td rowspan="3">申请</td><td>部门</td><td rowspan="3"></td><td>设计单位</td><td></td></tr>
<tr><td>负责人</td><td rowspan="2">施工或制造单位</td><td rowspan="2"></td></tr>
<tr><td>会签</td></tr>
<tr><td colspan="5">要求改造或更新原因</td></tr>
<tr><td colspan="5">费用预算</td></tr>
<tr><td colspan="5">效益分析</td></tr>
<tr><td colspan="5">管理部门意见</td></tr>
<tr><td colspan="5">领导意见</td></tr>
</table>

3. 设备更新改造的时机

设备更新改造时机的客观依据是设备的寿命。设备的寿命分为物质寿命、折旧寿命、技术寿命、经济寿命。

物质寿命是指设备从投入使用到自然报废所经历的时间。设备可通过维修延长设备的物质寿命。

折旧寿命也叫折旧年限，是指根据规定把设备的价值余额接近零时所经历的时间。

技术寿命是指设备从投入使用到因无形磨损而被淘汰所经历的时间。它是由科学技术的进步和个人的需要两个方面的原因所决定的。

经济寿命是指设备在投入使用后，由于设备老化、维修费用增加、继续使用在经济上不合算而需要更新改造所经历的时间。

一般来说，由于科学技术和经济的飞跃发展，设备的经济和技术寿命都大大短于物质寿命。设备更新改造的最佳时期往往由设备的经济寿命决定，一般是在设备使用到一定年限时，设备的折旧和维持费最低，这时就是设备的最佳更新改造时期。

（四）厨房设备的节能管理

厨房设备使用的能源主要是水、电、煤气和蒸汽等。随着设备的电气化程度和自动化程度越来越高，所需的能源也就越来越多，其所耗能源费用占营业额的比例也越来越大，对设备进行节约能源的管理越发显得重要。然而节能并不是限制使用能源，而是要以最少的能源消耗来获得最大的经济收益，前提是保证餐厅的正常运转和满足顾客的消费需求。

厨房设备在选择时一般是按最大的客流量的需求来购买的。但设备的应用则随时在进行，必然有时会出现洗碗机只清洗碗碟的情况。在选择设备时根据厨房场地的大小，可配置一大一小的同一种设备来解决客流量高峰与低谷时设备的应用。

做好厨房设备的节能管理，必须要制定能源管理计划，并保证其得以实施。

1. 计划编制

1）准备工作。收集各种有关资料，包括营业计划、能源定额、城市供应能源部门的能源规章和限额标准、计费标准等统计资料。

2）预测。根据收集的有关资料，进行综合分析对未来经营所涉及的一些问题进行预测，如预测能源价格变化、客源的变化、对能源需求的变化等。

3）确定指标。着手确定能源计划的各种指标，包括能源需求总量、各种能源单项需求量、节能技术指标等。

4）制定保证能源计划实施的各种措施。包括能源供应渠道，输送能力的保障措施，节能技术措施，不同种类的能源安排平衡措施等。

2. 计划的执行控制

1）计划指标层层落实，层层分解。各班组均要制定各自的能源计划和节能目标，把责任落实到每台设备、每个岗位、每个班组。

2）做好能源调配工作，解决能源控制和分配，保证服务质量。

3）定期检查节能情况，及时发现问题，解决问题，督促节能计划的实施。

4）加强能源计量工作，对能源使用过程进行监督和跟踪。

5）把能耗指标作为一项重要考核内容，对既保证服务质量又节约能源，对能源管理计划执行得好的班组和个人进行奖励，对由于主观原因没有完成计划造成能源浪费或不顾服务质量片面追求降低能耗的班组和个人进行惩罚。

3. 能源控制中的计量方法

能源计量一般采用计量仪表和计量衡器，计量包括固体燃料计量、气体燃料计量、液体计量、蒸汽计量、电能计量等，计量必须做好以下几项工作：

1）建立健全计量制度，按时抄表记录，作为能源考核、核算的依据。

2）加强能源计量表的管理，定期检查和校验，及时维修更换，保证计量的准确性。

（五）厨房设备的配置

餐厅的形式、档次、规模不同，所需的厨房设备是不一样的。在确定厨房设备时，要根据餐厅的具体情况进行配置。

1. 常用的配置

（1）常用的加工设备

常用的加工设备有切片机、切丝机、切丁机、斩拌机、绞肉机、锯骨机、磨浆机、汁液分离机、粉碎机、和面机、搅拌机、混压机、馒头机、饺子机、刨冰机等。

（2）常用的加热设备

常用的加热设备有微波炉、炉灶（炒灶、煲仔灶、汤灶）、蒸汽柜、蒸汽夹层锅、蒸烤箱、烤灶、油炸炉、扒炉、焗炉、电磁炉、电灶等。

（3）常用的冷藏、保温、保藏设备

1）冷藏、冷冻设备，如冰箱、冰柜、冷库、冷藏柜、制冰机、冷饮机、冰淇淋机等。

2）保温设备，如醒发箱、暖汁炉、保温灯、保温柜等。

3）保藏设备，如各种各样的不锈钢货架，储藏柜等。

（4）其他辅助设备

消毒柜、洗涤槽、清洗机、磅秤、操作台、调味车、洗碗机等。

2. 厨房设备配置

厨房设备的程序一般是根据餐厅的经营方式和特色列出厨房所需的设备清单，并按照必要的次序排序，再由投资决策者根据可投资的金额，审核确定设备数量、型号、规格和档次。并将暂不购买的设备注明补充添置的条件，如客源达到某种程度或效益达到某种状况时再进行购置，这样可以对资金的使用更为合理有效。

模块二　厨房卫生管理

厨房卫生管理主要包括环境卫生管理、厨房设备及器具卫生管理、原料卫生管理、生产卫生管理、个人卫生管理等五方面，每一个厨房管理者都应该在这五方面加强管理。

一、厨房环境卫生管理

【案例】

在一家大酒店的厨房，卫生局人员在检查卫生时，一名女监视员突然大呼一声。在厨房炉台下方地上，一只巨大的老鼠正在啃食掉在地上的食物。数名监视员拿出相机、手机瞄准“不速之客”不停拍摄，而这家伙仿佛只顾享用美食，全然不受闪光灯的影响。大概1分钟后，才理会到相机的闪光灯响声，极速逃离现场。

【案例思考】

如何有效的避免厨房四害？

厨房环境包括厨房的生产场所、下水、照明、洗手设备、更衣室、卫生间及垃圾处理设施等，具体的卫生质量主要体现在以下几个方面。

1. 墙壁、天花板及地面

厨房墙壁、天花板应该采用光滑且不吸油水的材料建成，地面应该采用耐久、平整的材料铺成，要经得起反复的冲刷，且不受厨房高温的影响而开裂，一般以防滑无釉地砖为理想。一旦墙壁、天花板、地面出现问题应该及时维修，并保持良好的状态，以免藏污纳垢，孳生蟑螂、老鼠等。理想的保持卫生的方法是：墙壁每天冲洗 1.8m 以下高度，每月擦拭 1.8m 以上的高度；地面每天收工前要进行清洗、冲刷。

2. 下水道集水管装置

凡有污水排出以及由水龙头冲洗的地面场所，均需有单独下水道和窨井，要保持通畅，避免阻塞。下水道的形式通常有两种，一种是明沟式的下水道，有铸铁或不锈钢的盖板，进行卫生清洗时，最好将盖板掀开，将下水道进行冲洗，保证厨房正常的气味；另一种是暗沟式下水道，有排水口，一般情况下用水冲刷后，最好用墩布擦干保持地面的干爽。当然不论下水道是何种形式，有条件的厨房最好在通往下水道的排水管口安装垃圾粉碎机，这样可以保证下水道的通畅。

饮用水管与非饮用水管应有明显的标记，饮用水管与污水管道要防止交叉安装。通常水管壁要定期地进行清理，防止过多的油垢沉积，尤其是炉灶上使用的水管。

3. 通风和照明

厨房的排烟罩、排气扇需要定期清理，尤其是排烟罩，油垢的沉积会带来火灾的隐患，多余的油垢会聚集下滴，污染到食物和炊具。排气扇的定期检查、清理可以有效地保证其正常工作，避免排气不善造成油烟、水汽沉积而污染食物。

照明设备的完善是保证正常卫生清洁工作的一个前提条件，昏暗的灯光只能使卫生清洁工作更加困难。另外灯具一般都要配有防护罩，防止爆裂造成玻璃碎片飞溅，而污染到食品或伤及他人。

4. 洗手设备

每位厨房的工作人员的双手都是传播病菌的主要媒介，在厨房中多设置洗手池是比较好的做法。这样的做法，一来可以保证员工在任何时候都保持双手干净，二来清洁卫生时也有很大的便利。

5. 更衣室和卫生间

职工的便服常会从外界带入病菌，因此不能穿着上班，也不能随意挂在厨房的任何一个角落，餐饮企业设立员工的更衣室就是要使员工在一个干净、清洁的卫生状况下投入到生产工作中，一般更衣室有专门的柜子存放衣服，有淋浴间保证员工上下班时的清洁。

餐饮企业设立卫生间也是给员工创造一个清洁自己的环境，卫生间设备齐全，保证员工如厕后不将病菌带入厨房，污染食物。

6. 垃圾处理设施

厨房的垃圾是每天都会有的，处理不当容易造成卫生条件的下降，更容易招引苍蝇、蟑螂、老鼠，这些是污染食品、设备和餐具的危险因素。为此，每天的垃圾要及时地清理，使不良的气味不至于污染空气、食品。通常垃圾桶要使用可推式带盖的塑料桶，里面要放置大型的、比较结实的垃圾塑料袋。垃圾及时清出厨房，可以摆放在专门的垃圾站里，大型的餐饮企业可以设置垃圾冷藏室，配备垃圾压缩机或使用垃圾粉碎机。

7. 杜绝病媒昆虫和动物

除了上述的卫生质量保证外，采用一定的消杀措施防止病媒昆虫和动物（比如老鼠）等侵入也是保证卫生质量的一个方面。当然，无论哪种措施都应该以保证食品安全为前提，不要将杀灭病媒昆虫和动物的药水或诱饵污染到食物上，更不要产生对员工的伤害。有条件的餐饮企业应该在厨房设计时就考虑到堵住这些病媒昆虫和动物进入厨房的渠道。比如封闭窗户、堵住各种缝隙、采用自动门、下水道铺设防鼠网等。

二、厨房设备、工具及餐具卫生的管理

厨房设备、工具及餐具卫生的状况不佳，也容易导致食物中毒事件的发生。比如砧板处理不当会产生霉变；餐具用脏抹布去擦反而会污染菜肴。厨房设备、工具及餐具的卫生往往容易被管理者忽略，他们更多注意力放在了原料上，所以有时出现问题时不知所措。通常，厨房设备、工具及餐具的卫生要求应该从以下几方面去考虑。

【案例】

变味的烤箱

对于烤箱、电炸炉之类的烹调设备，长时间使用会产生不良气味，需要将污垢、油垢及时清理掉，否则会污染食品。对于有明火的炉灶，应及时地清理炉嘴。长时间不清理的炉嘴容易生成油垢，会影响煤气或燃料的充分燃烧，易产生黑烟，造成厨房气味不佳，还会使工作效率大大降低。

【案例思考】

设备的异味会带来哪些负面效应？

（一）加工设备及加工工具、用具

这类设备包括刀具、砧板、案板、切菜机、绞肉机、切片机等，由于他们直接接触生的原料，受微生物污染的机会较大，如果加工后消毒和清洗不及时，就可能会给下次加工带来危害。比如木质砧板的霉变、铁质刀具的生锈、机械设备未清洁干净的杂物都能对加工的原料产生污染，导致原料的卫生指标下降，甚至产生致病的危害。为此，使用过的任何加工设备、工具、用具，都应该及时地进行清洗、处理。

（二）烹调设备及相关工具

对于烤箱、电烤炉之类的烹调设备，长时间使用会产生不良气味，需要将污垢、油污及时清理掉，否则会污染到食品上，给人以不干净的感觉。

对于有明火的炉灶，应及时清理炉嘴，长时间不清理的炉嘴容易生成油垢，一则影响天然气或燃料的充分燃烧，易产生黑烟，造成厨房气味不佳和黑色粉尘的数量增加；二则工作的效率大大降低。

对于锅具而言，应该每天进行洗刷，尤其是锅底。锅底的黑色粉末极易使炉灶操作人员的工作岗位显得污秽不堪，甚至把干净的抹布变成黑布，如果去擦抹餐盘时会造成食品的污染。另外，炉灶上使用的各种工具、用具也要经常清洗，以保证光洁明亮。比如调味罐、灶台、调味车、手勺、漏勺、笊篱等。

（三）冷藏设备

原料放置在冷藏设备中，只是短暂保藏。冷藏设备不是万无一失的保险箱，其只能抑制细菌的生长、繁殖，而不能杀灭细菌。如果冷藏设备卫生状况差，会使细菌繁殖生长的机会大增，即使温度较低，有时也会产生不良的气味，使原料之间互相串味，相互污染。因此，除了正常地处理冷藏设备中的原料外，保持冷藏设备的内外环境的卫生也是维护原料质量的一个重要因素。

冷藏设备原则上每周至少要清理一次，其目的是除霜、除冰，保持冷藏设备的制冷效果，保持冷藏设备良好的气味。清理时，关掉冷藏设备的电源，待其自然化冻除霜或使用水来冲刷除霜，然后擦干设备。重新打开电源，待设备制冷。千万注意不能使用硬物去敲打、撬扳设备，防止损坏设备。另外，每天都应该对冷藏设备中的原料进行整理，保持持续的制冷效果，同时将设备内的污物清理干净，对设备常触摸的地方进行擦拭，使之保持清洁、干净，降低污染原料、食品的几率。

（四）餐具、储藏设备及其他

餐具是盛装食品、菜肴的器皿，其卫生状况的好坏直接关系到食品、菜肴的卫生质量。为此任何一家餐饮企业都会设立专门的清洗餐具的部门，但注意并不是每个餐具清理部门都能保证餐具洗涤后的卫生质量，所以加强清洗设备的现代化和人员操作的规范化是保证餐具卫生质量的前提条件。保管人员和操作人员不正确的处理手法都会导致餐具被再次污染，如裸露储藏、脏抹布擦盘等。为此，厨房的管理人员一定要在每个环节上防范餐具被污染。

三、原料卫生的管理

生产原料的卫生状况是厨房最应该关注的要素之一。原料的卫生状况如何，除了应该鉴别原料是否具备正常的感官质量外，最主要的是要鉴别原料是否被污染过。通常要鉴别的污染是生物性污染和化学性污染。

1. 生物性污染

原料在采购、运输、加工、烹制、销售过程中，要经历很多环节，不可避免地要遭受病菌、寄生虫和霉菌的侵害。要预防和杜绝原料的生物性污染，应该采取下列的措施：

1）采购原料要尽可能选择新鲜的，降低被各种致病因素侵害的可能性。比如死掉的鳝鱼很容易造成食物中毒。

2）在原料运输过程中，要做好防尘、冷藏和冷冻措施，尤其是长途运输的原料一定要进行必要的冷藏或冷冻处理。

3）严格执行餐饮生产人员个人卫生制度，确保员工的身体健康，有传染病、皮肤病的员工应调离餐饮行业。

4）保持厨房良好的环境卫生，保持各种设备、器具、工具及餐具的卫生。

5）使用正确的储存食品原料的方法，避免食品原料遭受虫害、质变的危险。

6）培训员工掌握必要的鉴别原料被污染的专业知识及相关的法律法规，及时发现及时处理，杜绝被污染的食品原料直接上桌等危害顾客身体健康的行为。

2. 化学性污染

目前原料的化学性污染主要来自于原材料种植、饲养过程中所遭受的各种农药、化肥及化工制品的侵害。为此我们必须做好以下的防范。

1）对水果蔬菜要加强各种清洗工作，努力洗掉残留在水果蔬菜上的各种农药和化肥。有时可以使用具有表面活性作用的食品洗涤剂清洗，然后再用清水漂洗干净。

2）有些水果、蔬菜可以去皮操作，降低化学污染的程度。

3）选用符合国家规定卫生标准的食品包装材料及盛装器具，不允许采用有毒或有气味的食品包装材料和盛装器具。

4）将硝酸钠和亚硝酸钠进行严格控制，能不用的尽量不使用。如果一定要使用，其用量应该控制在硝酸钠每千克食品不超过 0.5g，亚硝酸钠每千克不超过 0.15g 的范围内。

5）坚决弃用被污水污染过的水产原料及注水原料。凡是在食用时有柴油、煤油味的食物一定要弃用，这可能是被污水严重污染的原料。

四、生产卫生的管理

生产阶段是厨房卫生工作的重点和难点所在。由于生产的环节多，程序复杂，在原料转变成产品的过程中，会受到各种不同的因素的影响，控制不好就容易形成对成品卫生的影响。

【案例】

青岛福尔马林浸泡小银鱼事件

福尔马林是甲醛的水溶液，外观无色透明，具有防腐、消毒和漂白的功能。不同领域有不同作用。青岛最近检查了一批使用福尔马林和工业烧碱浸泡小银鱼，浸泡过的小银鱼更好看，体积增大，有弹性，不容易腐烂。但是食用这种小银鱼后会造成消化道灼伤，严重的可以导致消化道穿孔，甚至休克。特别是长期接触甲醛会导致植物神经紊乱，生殖能力缺失，甚至是白血病。

【案例思考】

厨房在日常生产中还会使用哪些食品添加剂与防腐剂？它们对人体的危害有哪些？

（一）加工生产的卫生管理

厨房加工从原料领用开始。对于现货原料验货后，应该立即送给厨房加工，加工后应该立即进行冷藏处理，长时间摆放会改变原料的品质，尤其在夏季更应该注意。俗语“香六月、臭七月”讲的就是对原料适时处理的问题，即六月的原料从内部开始坏起，尽管外面还闻不出臭味，一旦原料出现异味而不被发现，那其实是最危险的，最容易造成食物中毒事件的发生。对于冰鲜原料领取出库后，要采用科学、安全的解冻方法进行处理，待解冻后要迅速地进行加工，加工后适时地保藏，保证原料卫生质量的稳定。对于罐装原料，在开启时要注意方式和方法，避免金属，玻璃屑掉入原料中。对于蛋、贝壳类原料，要先洗净外壳再进行处理，不要使表面的污物污染内容物。同时加工时也要防止壳屑进入原料中。对于易腐败的食品加工，要尽量缩短加工的时间，大批量加工原料应逐步分批从冷库中取出，以免食品在加工中变质。

（二）冷菜生产的卫生管理

冷菜生产的卫生管理非常重要。首先在厨房布局、设备配置和用具安排上要考虑卫生问题；其次切配食物的刀具要专用，不可既切生食又切熟食，各种用具、砧板、抹布也要专用，切忌生熟交叉使用，而且这些用具要定期消毒处理；再次操作的手法要尽可能简单，不要将熟食在手中摆来摆去、摸来摸去。最后装盘工作不可过早，装盘后不能立即上桌的，应使用保鲜膜封存，并进行冷藏。生产中剩余的产品应及时收藏，并尽早用掉。

（三）烹调生产的卫生管理

烹调生产一定要考虑加热的时间和温度。由于原料是热的不良导体，在加热时应该考虑食品内部的温度是否达到杀死细菌的最低温度，为此，通过合理控制加热的时间与温度，来保证菜肴成熟后的风味质量和菜肴的卫生质量。成熟后的菜肴一定要盛装在干净的餐盘中。

五、个人卫生的管理

各种因素会影响厨房的卫生状况，其中的一个因素就是员工的个人卫生状况。人是生产产品的创造者，不可避免地在生产中跟各种原料、设备去接触，因此，员工个人卫生习惯及监督员工的卫生状况是厨房产品卫生得以保障的前提条件之一。

【案例】

点心中的创可贴

某日，一名点心师在操作过程中，因操作不当将手划破，随后用创可贴包扎了伤口，然而他忽略了将手上带上一次性手套，临近中午上客时，由于客流量较大，在紧张忙碌后，该点心师发现手上的创可贴不见了，于是立即下令将所有点心召回，最后，在一个点心里找到了创可贴。

【案例思考】

我们在厨房生产过程中应注意哪些卫生？

（一）卫生管理

厨房人员的卫生意识可以通过以下三方面来培养。

1. 个人卫生管理

厨房工作人员应该养成良好的个人清洁卫生习惯，在工作时应穿戴清洁的工作服，防止头发或杂物混入菜肴中，经常接触食物的手要清洁，严禁涂指甲油、佩戴戒指及各种饰品进行工作。一旦工作人员手部有创伤、脓肿时，应严禁从事接触食品的工作。

2. 工作卫生管理

厨房中禁止员工吸烟。品尝菜肴的员工，不要用手抓，应戴手套进行操作，防止碎屑混入食物中。另外，员工在操作过程中，不要挖鼻子、掏耳朵、搔头发、对着食物咳嗽、打喷嚏等，保持一个良好的工作习惯。

3．卫生教育

对新员工来说，卫生教育可以让他们对餐饮企业生产的性质有所了解，知道出现卫生状况不佳的原因，掌握预防食物中毒的方法。对在职员工来说，可以时时提醒他们要绷紧卫生生产这根弦，及时发现问题，及时补救，有效预防食物中毒的发生。对各位管理者来说，卫生教育可以使自己也保持高度的警惕，防止员工发生各种违规的操作。

（二）健康管理

厨房从业人员的健康状况是保证食品卫生状况的前提，有再好的卫生习惯，没有健康的身体也是不行的。因此，餐饮企业在厨房人员招聘时，强调身体健康是第一要素。应该在员工取得防疫机构检查合格的许可后，方可允许其从事餐饮工作。对患有脓疮、外伤、结核病、肝炎等可能造成食品污染的有疾病人员，则一定要将其排除在餐饮队伍之外。

厨房管理人员及企业人员是部门的工作人员，应该对餐饮从业人员的健康资格进行审查，对不合格的一定不能用，同时要督促健康合格人员定期到防疫机构进行健康检查。通常是每年检查一次。

模块三　厨房生产操作中的安全

厨房的员工每天都要跟火、加工器械、蒸汽等打交道，如果不具备一定的防范意识和不遵守安全操作规范，就会发生事故。事故发生会使餐饮企业造成财产的损失和人员的伤害。为此，厨房管理者在生产经营中时刻要提高安全意识，保证厨房员工的安全，避免企业损失。

一、火灾的预防

火灾应该说是厨房最容易遇到且伤害最大的灾难之一。火灾发生的因素很多，比如未熄灭的烟头、电线短路漏电、燃气外泄、烹调操作不当等诸多因素都可能导致火灾的发生。

【案例】

永和豆浆联丰店昨起火

2011年7月2日，宁波市海曙区联丰路7号的永和豆浆店内，一名王厨师在烧东西时锅内起火，溅出来的火星迅速引燃了堆积在油烟管道内的油渍，火很快通过管道，自底层厨房蹿至楼顶。接到报警后，50名消防员赶到了现场，此时，除了油烟管道，厨房内也有多处明火且迅速蔓延。经过大家的共同努力，大火才被扑灭。

【案例思考】

避免厨房火灾有哪些有效途径？

1．预防火灾

火灾的产生是有诱因的，杜绝火灾的诱因就可以有效地预防火灾。具体的做法如下：

1）厨房内每个员工遵守安全操作规范，并严格执行。

2）厨房的各种电动设备的安装和使用符合防火安全的要求，严禁员工野蛮操作。厨房的用电线路一定要分明，千万不能混用。线路的布局要合理，尤其炉灶线路的走向不能靠近灶眼。设立漏电保护器，防止短路引起的火灾和对员工的意外伤害。

3）厨房内煤气管道及各种灶具附近不要堆放易燃物品。使用煤气要随时检查煤气阀门或管道有无漏气，也可设置煤气报警器，发现问题及时通知专业维修人员，杜绝不闻不问的马虎行为。

4）在烹调操作时，锅内的介质（水、油）不要装得太满，温度不要过高，严防因温度过高或油溢、水溢而引起的燃烧或熄灭火的事件，这都能诱发各种伤害。

5）炉灶、烟罩要定期清理，防止油垢过多引起火灾。一般饭店炉灶会有管事部人员每天下班后清洁，而烟罩通常每季度由专业人员清理。

6）任何使用火源的工作人员，不能擅自离开炉灶岗位，防止无人看守、烧干原料而引发火灾。

7）搞卫生时，防止违章操作将水浇洒在电气设备上，预防漏电短路事故发生。

卫生工作结束后，厨房要设专人负责检查各种电器、电源开关，并关好各种电源和燃气阀门。

2. 火灾的疏散

一旦火灾发生，除了实施灭火外，员工的疏散工作也是必要的。通常可以按照下列的规程操作。

1）厨房负责人一定要检查每一个灶眼，确保每一燃烧器都处于关闭状态。

2）必须关闭和切断一切电器，用具的电源开关。

3）打开消防通道，迅速疏散厨房的员工。

4）确认无事后，厨房负责人才能离开。

二、预防意外伤害

厨房的意外伤害是因为员工疏忽大意或设施布局不合理造成的。意外伤害会影响到餐饮企业的声誉，员工也会受到伤害；还会影响厨房生产的顺利进行。

【案例】

不小心的烫伤

一日陈某与徐某在制作“糖醋黄河鲤鱼”时，由于离上客时间较长，两名厨师在制作过程中漫不经心，陈某负责将鱼宰杀、初加工、拍粉，徐某负责烧热油锅，在油温近八成热时，徐某让陈某将制作好的鱼放入锅中炸制，就在徐某转身放鱼的过程中，脚下一滑，当场油花四溅，陈某双手重度烫伤，徐某面部重度烫伤。

厨房意外伤害主要是由摔伤、烫伤、割伤、电击伤等原因造成的，因此，了解各种事故发生的原因和预防方法十分必要。

【案例思考】

如何有效的避免厨房人身安全事故的发生？

（一）摔伤

摔伤的原因往往是地面不平、地面有坡度、地面上有汤汁和食物、障碍物的磕绊等，使人滑倒或磕碰而产生伤害。为了防止此类伤害的发生，生产操作时应注意以下几点：

1）保持地面的平整，需要铺垫的要进行铺垫。如有台阶在台阶处用醒目的标志表示出来，以防不留神被绊倒。

2）在有坡度的地面和员工的出入口应该铺垫防滑软垫。

3）一旦在操作中出现了水渍、油渍、汤渍及食物，一定要及时清理，最好用墩布擦干，千万不要再用水冲洗。如在操作繁忙时，应急的方法是在地面洒上盐，可以有效的防止人员滑倒。

4）在工作区域的各个通道和出入口处，千万不要摆放各种物品，要及时清理障碍物，以免发生不必要的碰撞。

5）运送各种货物的推车不要堆放过多的货物以免挡到视线撞伤他人。

6）员工在厨房爬高时，要借助专用的梯架，切不可选用不安全的纸箱、货箱等不可靠的物品来充当垫衬物。

7）有拐角的箱柜尤其是正好在头顶位置的，应该将拐角进行垫衬，防止员工的头与其碰撞。

8）切忌在厨房中奔跑，尤其到出入口处更应该放慢速度，以免跟进来的人相撞。

9）厨房应该有足够的照明，避免因光线灰暗引起事故。另外，厨房还应该配备应急照明灯具，一旦厨房突然停电，可以做应急照明使用，防止在黑暗中造成伤害。

10）在易滑倒处张贴告示。

（二）烫伤

烫伤在厨房操作中是经常遇到的。由于操作人员的粗心大意，会碰触到高温蒸汽、滚烫的炉灶、沸腾的水、滚热的油、不冒热气的汤等。为了防止烫伤，生产操作时应注意以下几点：

1）无论烧水或加热油，水或油都不要加得太满，防止移动时，热水或热油溢洒出来。

2）烹调时，各种器具不要靠近炉灶，防止器具发烫，而操作者还不知晓的现象。比如漏勺柄、油罐的边缘等。

3）使用蒸汽柜、烤箱时，要先将门打开，待饱和气体或热空气散掉，再用抹布去拿取菜肴，切不可空手直接去取。打开有盖的热食时，要先放热气，再进行下一步操作。

4）进行油炸操作时，要将原料的水分沥干，防止水分四溅，造成伤害。一般操作者会使用漏勺作遮挡物，挡住四溅的油分。操作者下料的方法要正确，原料应从锅边滑下去，而不要扔原料，溅起的油花会烫到自己。

5）任何厨房的操作人员在工作中要保证正常的穿戴，千万不要赤膊、光脚穿鞋，否则危害发生时会加重伤情。

6）经常检查蒸汽管道和阀门，防止蒸汽泄漏，出现伤人事故。

7）点燃气体灶时，要先排净多余的气体后，再打开总阀，点燃气体。

（三）割伤

割伤主要是因为使用刀具方法不正确、碰到尖锐的器物等。为了防止割伤，生产操作时应注意以下几点：

1）锋利的刀具要统一保管。一旦不使用的刀具要套上刀套，切不可随便乱丢，尤其是丢在黑暗处，极易造成伤害。

2）使用机械刀具或一般刀具进行切割时，精力要集中，切不可说笑、打闹。

3）使用的刀具应该锋利，不锋利的刀具反而容易造成伤害。

4）清洗刀具时要带上抹布，切不可将刀具与其他原料放在一起清洗。清洁刀口时，要使用抹布去擦拭。

5）开过盖的罐头，要带抹布去打开开口，切不可用手直接去扳，以免造成划伤。玻璃器皿开盖后，一定要小心瓶口，不要随意乱摸，如有缺口很容易划伤手指。另外，破碎的玻璃器皿，尽量不要用手去处理，以免划伤。

6）各种金属盛器的边缘一定要是卷边的，如果有的卷边不好，需用抹布去端取，切不可空手去端，以免割伤。

7）使用机械设备时，应仔细阅读说明书，按规程去操作。切不可直接用手去触摸，防止出现大的伤害。比如绞肉机填塞肉时，应该使用专用的塑料棒，而不是用手。

8）厨房所有的机械设备都应该配备防护装置或其他的安全设施。

(四) 电击伤

电击伤的原因主要是电器设备老化、电线有破损处或电线接点处理不当等。用湿手去触摸电器有时也会造成电击。为了防止电击伤，生产操作时应注意以下几点：

1）所有的电器设备都应该有接地线。

2）所有电器设备的安装调试，都由专业的电工来操作。

3）各种电器设备员工只需要进行简单的开关操作，不要触摸电机及无关的部分。

4）定期检查电源的插座、开关、插头、电线，一旦有破损，应立即报修。

5）使用电器设备前，要保持手的干燥，不要用湿手去操作电器设备。

6）容易发生触电的地方，应有警示标志。

当然，为了预防各种不安全因素，厨房必要的训导是不可少的，比如对待操作“不图快，不省事”；对待工作要三心“留心、小心和用心”，这样及时提醒员工注意，以防不测。另外，厨房还应该配备一定的药物，以备紧急状况之用。比如创可贴、烫伤膏、诺氟沙星等常备药。

模块四 厨房安全管理

所谓安全，是指避免任何有害于企业、宾客及员工的事故。事故一般都是由于人们的粗心大意而造成的，事故往往具有不可估计和不可预料性，具有安全意识，执行安全措施，可减少或避免事故的发生。因此，无论是管理者，还是每一位员工，都必须认识到要努力遵守安全操作规程，并具有承担维护安全的义务。

一、饭店安全管理概述

在国际关系领域，非传统安全问题越来越受到国际关系研究者的重视。以 2001 年美国的“9·11”事件和 2003 年的“SARS”为标志，非传统安全问题成为日益突出的新威胁。全球化进程推动中国旅游业的兴旺，继而催生了“经济型酒店”这个新兴行业。当前对经济型酒店的研究，大多立足于品牌、经营和管理等方面，很少涉及到对内部安全管理的研究，而安全是经济型酒店开展一切工作的基础和保障，尤其是确保店内人员的安全。在倡导“人本主义”的今天，“个人安全”成为社会关注的重点，同时也成为非传统安全的核心内容。

因此，在安全主体上来看，非传统安全所倡导的内容与经济性酒店关注人的安全具有一致性。

【案例】

因酒店厨房长期未清洗而发生的火灾

“起火了，快跑——”昨天下午1时15分，伴随一声尖厉女声的呼救，10余名顾客和20名左右身着工作装的餐厅员工自云南南路、延安东路路口的思得客餐厅内夺路而出。此时，该餐厅4楼顶层冒出滚滚的呛人黑烟，正在不断地向延安路高架及马路对面的港陆广场涌去。记者赶到云南南路、延安东路路口时，事发现场两侧已经拉起警戒线，民警紧急疏导着路经现场的车辆。两辆消防车分别停在延安东路及宁海东路上，马路上百余米的多条消防水龙一直延伸到冒烟窗口处。两名消防队员手持水龙向顶层厨房间喷水抑制火势，另外一部分消防队员则从餐厅旁边架起云梯直奔火场内部实施救援。他们表示，尽管随后他们急忙拉断电源，并随手抄起灭火器向厨房间内喷射，无奈火势蔓延迅速，根本无法扑灭。据介绍，餐厅员工及顾客随后全部顺利逃生，未造成人员受伤。“就在浓烟冒出后不久，思得客餐厅顶层开始冒出明火，还有一个男子从窗口探出头来一边咳嗽一边大声呼救。”路边围观的群众取出用当时手机拍摄的录像向记者证实，在火势最为猛烈时，周边群众和驾车经过事发路段高架的司机几乎被熏得睁不开眼睛，而黑烟将餐厅顶部全部笼罩。至记者离开时，餐厅仍未恢复正常营业，民警正在向餐厅员工及相关负责人询问有关情况。另据了解，火灾是火星引燃厨房烟道内堆积过多的油垢所致。

【案例思考】

我们应如何从自身做起才能有效的避免厨房安全事故发生？

（一）安全管理的特点

1. 内容的广泛性

饭店安全管理涉及范围较广，几乎包括饭店的各个部门和每项工作，所以其管理内容极为广泛而复杂。具体体现在：

1）既要保障宾客安全，又要保障员工及饭店的安全。

2）重点、要害部位多，如前厅、餐厅、厨房、康乐场所、车仓库、配电房、电梯、锅炉房、财务部等。

3）既有人身安全，又有财务安全，且管理要求各异。

4）饭店是公共场所，接待的宾客人员复杂，人员进出频繁且流动性较大。

2. 工作的服务性

饭店的安全工作是饭店服务的一部分，安全部门的员工在工作过程中既要面对宾客，又要与各部门员工有工作接触。因此，其工作既要保证饭店各方面的安全，又要提供服务。

1）遵守外松内紧的工作原则，即安全工作在形式上应适合环境、表现自然，在思想上则要保持高度警惕，预防各种不安全因素。

2）在处理与客人关系时，既要按政策、原则、制度办事，又要文明执勤、助人为乐。

3）在处理与各部门及其员工关系时，既要严格执行各项安全管理制度，又要尽力简化手续，提供方便。

4）仪表仪容要符合规定要求，服务态度应友善，语言谈吐须礼貌，行为举止要得体。

3. 安全的参与性

饭店安全管理不仅靠安全部门做好，更需要饭店全体员工的积极参与。只有群防群治，才能真正把安全工作落到实处。群防群治主要以下几个原因：

1）大量员工使用设施设备，只有依靠群众，才能发现设备事故隐患，并确保操作安全。

2）前台员工与宾客接触，只有依靠群众基础才能发现宾客中的不安全因素。

3）一旦发现安全事故，只有依靠群众，才能做好保护现场、调查取证、侦查等安全工作。

（二）安全管理的目的

饭店安全管理的目的，就是要消除不安全因素，消防事故的隐患，保障客人、员工的人身安全和客人、饭店的财产不受损失。

饭店的不安全因素主要来自主观、客观两个方面：主观上是员工思想上的麻痹，违反安全操作规程及管理混乱；客观上是饭店有些部门，如锅炉房、厨房等本身工作环境较差，设备、器具繁杂集中，从而导致事故的发生。针对上述情况，在加强安全管理时应主要从以下几个方面着手：

1）强化对员工的安全知识培训，克服主观麻痹思想，强化安全意识。未经培训员工不得上岗操作。

2）建立健全各项安全制度，使各项安全措施制度化、程序化。特别是要建立防火安全制度，做到有章可循，责任到人。

3）保持工作区域的环境卫生，保证设备处于最佳运作状态。对各项设备采用定位管理等科学管理方法，保证工作程序的规范化、科学化。

（三）安全管理的主要任务

饭店安全管理的任务就是实施安全监督和暗查机制。根据饭店管理特点，细心研究安全动态，切实把握安全管理规律，不间断地发现安全隐患。沟通信息，教育全体员工牢固树立安全第一、预防为主的理念，发现、分析、解决饭店在安全管理上存在的事故隐患和不安全问题，采取行政、技术、经济等不同手段，调动职工做好安全工作的积极性，确保饭店经营服务活动的正常开展，具体任务如下：

1）制定安全措施，组织安全业务培训。饭店要根据公安、卫生防疫、消防等单位的规定，结合本饭店的特点，制定具体的安全措施。要求全体员工进行安全业务培训，包括未发生事故时的处理等。要给员工培训法律知识，提高员工对各种犯罪活动的警惕性，增强员工保护消费者权益的意识。此外，应让员工学习民法，了解如何维护饭店和自身的权益。

2）建立健全安全管理组织。饭店要成立以总经理或总经理为首、各个部门经理参与的安全委员会，协调饭店整个的安全业务。要成立安全部门，并给安全部门配备专业人才和必要的物质条件。各个部门、各个班组都要配有安全员，负责沟通安全方面的信息，宣传安全知识。要建立分工负责的安全管理体制，发动全体员工做好安全工作。

3）做好消防设备检查和维修工作。消防设备，如灭火器、水龙头、防火通道、隔火通道、感烟装置、监控系统等，要定期地进行检查维修。安全管理必须切实抓好这些设施、设备的预防性检查和维修工作，设专人管理，位置摆放合理，取用方便。

4）配备必要设施，制定安全管理程序。饭店应配备安全技术设备、设施，制定适应本饭店经营活动需要的安全管理操作规程，并督促有关部门贯彻执行。

5）做好工程设计施工的安全管理程序。审查基建工程设计是否符合安全、消防要求，配备安全消防器材，报公安消防监督机关批示并加强施工区域的安全管理工作。

6）妥善处理安全事故。由于饭店客流量大，人员复杂，尽管饭店尽力加强安全管理工作，仍不可能做到完全杜绝事故的发生。一旦发生事故，首先要会同有关部门和人员及时查明原因和事故的责任者，分清事故性质，根据情节轻重提出处理措施；同时，还要吸取经验教训，分析发生安全管理的漏洞或不足，及时修订安全措施，提高饭店安全管理质量。

（四）安全管理原则

饭店安全管理的指导思想和行为准则主要有以下三个方面：

1）安全第一，预防为主。饭店安全管理工作最重要。运用大量预防手段，采取各种保卫措施，积极做好各项防范工作，把事故隐患消灭在萌芽状态，防患于未然。特别要防止破坏事故和治安事故的发生。

2）确保重点，兼顾一般。根据工作对象的主次和任务量大小，合理分配安全保卫力量。凡影响饭店全局的部门和工作环节，要花大力气保障万无一失。

3）主管负责，专群结合。安全管理工作，最根本的是领导重视和支持，有专门的机构或人员、建立、健全安全防范管理制度，积极推行安全保卫岗位责任制，把责任落实到人。同时，要充分发动和依靠饭店广大员工共同做好安全保卫工作。

二、饭店安全管理要点

饭店安全管理不仅仅只是饭店正常运作的一个重要点，也是饭店能否赢得社会声誉的价值体现之一。因此在安全管理中，应该有的放矢，掌握必备的安全知识至关重要。

【案例】

1·13 湖南长沙宾馆火灾

2011 年 1 月 13 日凌晨 1 时左右，长沙市岳麓区枫林一路一家名为西娜湾的小型宾馆突发大火。滚滚浓烟中，一条条长长的火舌从宾馆窗户向外窜出。随着火势越来越大，西娜湾宾馆内外乱作一团，哭喊声、惊呼声夹杂着消防车的阵阵尖啸中，转瞬间打破了夜的寂静。至 2 时 10 分左右，经过消防救援人员的奋力扑救，大火终于被扑灭。据长沙市岳麓区通报，此次火灾造成现场 6 人死亡，从火场中救出送往医院救治的 8 人中，4 名重危者经医院全力抢救无效死亡。

（一）安全管理的基本要求

1. 保障宾客的安全

饭店宾客不仅仅是客人，还包括来饭店购物、就餐、享用康乐设施的客人以及访客等，饭店应保障所有宾客的安全。

（1）宾客的人身安全

宾客的人身安全是指宾客的人身不受任何损害。对宾客人身造成损害的可能因素主要有设施设备因素，员工因素，宾客因素。

1）设施设备因素。①洁净的玻璃门无明显标记；②室内地面有滑腻物或地毯不平整；

③室外地面有碎石或积雪等；④楼梯梯级不平或有滑腻物等；⑤用电插座、开关及其他设备漏电；⑥卫生间淋雨水温过高或浴缸上方拉手不牢固等；⑦电梯失灵或故障；⑧家具、天花板、顶灯顶饰等不牢固；⑨消防设备失灵或缺乏。

2）员工因素。①脾气暴躁或有暴力倾向的员工故意伤害宾客；②员工在工作中因过失造成宾客人身伤害，如餐厅服务员不慎将热汤倾倒在就餐宾客身上等。

3）宾客因素。①醉酒宾客闹事；②宾客的暴力或违法行为；③宾客从客房窗户向外乱扔酒瓶等，致使他人人身安全受到伤害。

（2）宾客的财物安全

宾客的财物安全是指宾客随身携带的支票、现金、信用卡、珠宝饰物、衣物等财物不受任何损失。影响宾客财物安全的可能因素主要有以下几种：

1）自然灾害，如地震等。

2）火灾事故。

3）无贵重物品保险箱或缺乏防盗设施。

4）盗窃案件。盗窃案件常见有以下几种情况：外来不法分子盗窃；宾客中的不法分子盗窃；饭店中不良员工的盗窃等。

5）饭店和工作人员差错，如洗衣房洗坏衣物，行李员拿错行李。

6）宾客的自身过错，如离开客房时不关房门，未将贵重物品或大宗现金存放在保险箱内，寄存一般物品时夹带贵重物品，醉酒后乱扔放财物等。

针对上述各种因素，饭店也应采取相应的安全措施，确保宾客的财务安全。

（3）宾客的心理安全

宾客在饭店逗留（住店或使用饭店设施）过程中，尽管其人身、财务是安全的，但有时在心理上会有一种来自环境、设施设备、员工、服务等方面的紧张或受威胁的感觉，这就是心理上的不安全感。所以，宾客的心理安全可以理解为宾客在饭店逗留过程中心理上的从容、愉悦感受。影响宾客心理安全的可能因素主要有以下几种：

1）饭店环境气氛。如保安人员态度生硬、表情严肃或对宾客失礼，环境森严、气氛紧张。

2）设施设备因素。即容易引起宾客人身安全的设备因素。

3）菜单因素。菜单不明码标价或服务项目收费价格过高。

4）员工因素。

针对上述诸多因素，饭店同样应采取相应措施，以避免宾客心理上的不安全感。

2. 保障员工安全

饭店员工的安全与否，直接影响到员工的工作积极性，甚至还会导致员工的流失，从而影响饭店的正常运作。所以，保障员工安全是饭店安全管理的目标之一。

（1）员工的人身安全

影响员工人身安全的可能因素主要有以下几种：

1）人员因素。如外来或宾客中的不法分子袭击员工；员工之间的打架等；服务或操作时的不谨慎等。

2）设备因素。如设备质量不佳；设备安装不合理；操作设备不当等。

3）劳动保护措施不够完善。如劳动用品不足或质次；长期超时工作；未定期检查。

4）其他。如工作餐的不洁、火灾及造成宾客人身损害的有关因素等。

综上，饭店应采取相应的安全管理措施来保证员工的人身安全。

（2）员工的思想意识安全

员工的思想意识安全是指预防员工受外来不良思想意识的影响。影响员工思想意识安全的可能因素主要有以下几种：

1）盲目追求物质享受。

2）资产阶级自由化思潮的影响。

3）宾客中的资产阶级思想意识和生活方式的侵蚀。

4）拜金主义、享乐主义、极端个人主义的蔓延。

5）不良宾客的诱惑。

6）自甘堕落。

针对上述现象，饭店各级管理人员都应加强员工的思想政治教育，加强饭店的精神文明建设，从而有效地防止精神污染，确保员工的思想意识安全。

3. 保障饭店的安全

（1）饭店的财产安全

影响饭店财产安全的可能因素主要有：①自然灾害；②宾客的逃账或欠账；③收款员的漏账或营私舞弊等；④盗窃或抢劫；⑤火灾；⑥资产管理不善或不当。

饭店各级管理者应采取各种有效措施，预防饭店财产不受任何损失。

（2）维护饭店声誉

影响饭店声誉的主要因素是饭店的服务质量，所以，饭店应加强服务质量管理，提高饭店声誉，从而吸引更多的客户获得更好的经济效益。

（二）消防管理

饭店设备齐全，又有各种易燃物品，因此火险隐患较多，且饭店人员集中，一旦发生火灾事故，人才损失不可估量，更会影响饭店声誉。所以，加强消防管理是安全管理，也是饭店管理的重要任务。

1. 消防管理的原则、方针和目标

1）饭店消防管理应遵循“谁主管、谁负责”的安全工作原则。

2）消防管理应贯彻“以防为主、防消结合”的消防工作方针。

3）消防管理应达到“消除火险隐患、确保饭店安全”的管理目标。

2. 消防管理要求

1）根据国家消防法规要求，建立以各层次管理者为消防负责人的各级消防管理组织。

2）制定严格的防火制度，全面落实消防安全责任制。

3）配备必要的消防安全设施，并定期进行检查，确保其完好无损。

4）组建义务消防队，请当地消防机关给予必要的业务培训，并定期进行局部或全店规模的消防演习，提高应急、应变能力。

5）加强对全体员工的消防安全教育，提高全员的消防安全意识，及时发现并消除火险隐患。

6）加强监督检查，及时处理违反消防安全制度的人或事，从而确保饭店消防安全。

3. 治安管理

饭店治安管理是指饭店为维护内部公共秩序而进行的一系列安全管理活动。其目的是保障宾客、饭店员工的人身和财产安全。在饭店中，人员构成复杂，流动性又大，因此，加强饭店治安管理极为重要。

4. 制定并落实饭店各部门及各要害部门的安全管理制度

饭店安全部门应组织并实施各项治安管理工作，监督各部门做好安全管理工作，使各部门把具体业务与安全管理紧密结合起来。

5. 配备必要的设施

为防止饭店治安事件的发生，饭店应配备必要的防盗防暴设施，如闭路电视监控系统、电子门锁、贵重物品保险箱等，以有效地维护饭店的内部治安秩序。工作人员要正确使用监控装置，防止事故发生。

6. 进行法律、法规教育

饭店安全部门应经常组织饭店全员性的法律、法规教育，使全体员工既能自觉遵守国家的法规和饭店的各项规章制度，又能及时发现、处理或预防各种治安事故和案件。

7. 坚持巡逻检查

饭店安全部门的人员要随时到饭店的各个部位进行巡逻，检查安全措施，查看事故隐患。遇有大型活动，要派便衣巡逻，确保活动的正常进行和重要人员的人身安全。要建立报告制度，对存在于饭店中的事故隐患，要通过各个部门、各个班组的安全员，安全部门的巡逻人员及时地反映到饭店的高层领导。

8. 加强对宾客的管理

饭店接待形形色色的宾客，其中也不乏违法犯罪分子。因此，饭店应通过各种措施和方法来消除宾客中的不安全因素，如严格执行入住验证登记、访客登记等制度，以保证饭店治安秩序。

9. 做好安全检查，提高安全工作质量

要加强对消防、食品卫生、工程等的安全检查，帮助有关部门贯彻落实安全措施，清除安全事故隐患，全面提高安全工作质量。安全部门应与其他部门加强联系，保持信息畅通，一旦出现事故，及时采取措施予以妥善处理。

10. 其他安全管理工作

1）加强饭店要害部位的安全管理，一般要求重点巡查。

2）加强对员工，特别是要害部位员工的管理，确保员工素质符合饭店安全管理要求。如发现员工出现问题，应及时予以调岗或辞退。

3）根据上级安排和饭店经营需要，做好重大活动和重要宾客的安全保卫工作，确保万无一失。

4）查破饭店内发生的各类案件，或配合公安机关破案。

5）妥善处理各类突发事件，如宾客身亡、宾客醉酒或精神病患者肇事等，维护饭店正常秩序，保证饭店形象不被破坏。

三、饭店消防常识

饭店的结构和饭店系统设备配置所具有的特殊性，饭店建筑系统中存在各种各样的火灾隐患均明显高于其他非饭店建筑物。据有关资料显示，饭店建筑火灾造成的人员死亡率要比住宅建筑火灾高出一倍以上。

【案例】

停车风波

一位客人欲将自驾车停至酒店的停车场，酒店安全部的一位保安上前询问该客人是否将进入酒店进行客房或餐饮等消费，因为酒店停车场只为在酒店消费期间的客人提供停车场地。该客人回答说到酒店消费，保安即同意客人停车。客人停车后，进入酒店大厅，在酒店的监控系统中可看得十分清楚，该客人在大厅及酒店内部四处走动，但并未做任何停留消费，10分钟后，该客人即走出酒店的另一处大门，欲离开酒店。当班保安听到监控中心的耳机呼唤，便上前与该客人沟通，婉转地告知客人因为他表示将在酒店消费，因此保安即同意他在酒店的停车场内停车，但现在看来情况并非如此，酒店的停车场并非免费的公共停车场，希望客人理解，若他并未在酒店消费，请另找一处停车。客人很是生气，认为酒店方面对客人根本不信任，一路派人跟踪，侵犯他的人身自由权。客人强烈投诉。

大堂副理得知情况后，迅速至安全部了解情况，然后在大堂吧台接待客人。客人见到大堂副理后仍然怒气冲冲一番责骂。大堂副理先就客人的不愉快经历做出道歉，不管他目前是在酒店消费，或是将来会来酒店消费，对于酒店而言，都是非常重要的客人或潜在消费客人，酒店方面非常重视，并不希望引起任何不快。随后，见客人已稍缓和，大堂副经理便就酒店停车方面的事宜做出解释，酒店根本无意于特意派人跟踪客人，更谈不上侵犯人身自由权，出发点只是出于保证在酒店消费期间的客人能享受免费停车。一番解释后，客人转而投诉保安的说话态度不好。大堂副理则表示鉴于客人投诉保安的态度不好，那么我们也当然会再进行内部教育，加强服务意识，改进服务技巧，不断提高服务质量等。最后，大堂副理送客人至停车场，欢迎客人今后再次光临酒店并且消费享用酒店的客房或餐饮服务。

【案例解析】

酒店停车场问题随着私家车的快速增加而日趋重要。因为酒店的停车场车位有限，酒店首先必须保证在酒店消费的客人能够使用停车场，如果没有任何查核，所有的过往车辆都可入内停车，停车场便短时间被塞满，那么那些真正进入酒店消费的客人将无处停车。但是，所有的保安也都应该清楚地意识到在做这些工作时所应注意的态度。酒店保安在面对这些情况时，既要坚持酒店方面的原则与利益，又要注意客人的感受。

（一）灭火的原理与方法

燃烧必须具备三个条件：可燃物、热源、氧气。如果去掉其中一个条件，燃烧即停止。灭火的目的就是阻止燃烧。

灭火的基本方法有以下几种：

1）隔离法。隔离法就是将可燃烧物隔离开，燃烧由于没有可燃烧物，火就自然灭了。

2）窒息法。窒息法就是阻止空气流入燃烧区，即切断燃烧中氧气的供给，使燃烧因得不到足够的氧气而熄灭。

3）冷却法。冷却法就是将燃烧的温度降到燃点以下，具体做法是将水或灭火物质直接喷射到燃烧物上，使燃烧物温度降低，燃烧熄灭。

4）抑制法。抑制法使用化学灭火剂抑制燃烧，使燃烧终止。

（二）常用的灭火器材及使用方法

饭店常用的灭火器材有两类：一类是自动灭火系统，另一类是手动式灭火器材。自动灭火系统一般适用于日常可燃品，如木材、纸、布等物的燃烧。而对于油、气、电等引起的燃烧，依靠手动式灭火器材。下面介绍几种常用的灭火器材。

1. 二氧化碳灭火器

二氧化碳灭火器主要用于扑救电器设备的火灾及食油、汽油、油漆等火灾。

二氧化碳是一种惰性气体，它的比重较空气重，以液态灌入钢瓶内。在 20℃时，钢瓶内为 60 个大气压。液态的二氧化碳从灭火机喷出后，迅速蒸发，变成固体雪花状的二氧化碳，又称干冰，其温度是-78℃。固体的二氧化碳喷射到燃烧物上因受热迅速挥发变成气体，当二氧化碳在空气中达到 30～35℃时，物质燃烧就会停止。二氧化碳灭火机的作用就是冷却燃烧物和冲淡燃烧层空气中氧的含量，使燃烧停止。

二氧化碳灭火器有两种使用方法：一种是手动开启式（即鸭嘴式），另一种是螺旋开启式（即手轮式）。

（1）二氧化碳灭火器的使用方法

1）手动开启式。手动开启式灭火器在使用时应先拔去保险箱，一手握紧喷筒把手，对准火物，另一手把鸭舌往下压，二氧化碳即由喇叭口喷出，不用时将手放松即行关闭。

2）螺旋开启式。螺旋开启式灭火器在使用时先将铅封去掉，一手握住喷筒把手，对准火物，另一手将手朝顺时针方向旋转开启，二氧化碳气体即行喷出。

（2）使用二氧化碳灭火器的注意事项

1）要注意风向，避免逆风使用。

2）在灭火时，喷筒要从侧面向火源上方往下喷射，喷射方向要保持一定角度，使二氧化碳能迅速覆盖火源。

3）灭火时不要将灭火器放在身前靠近火源处。

2. 干粉灭火器

干粉灭火器主要用于各种油料燃烧、电器燃烧等。干粉不导电，可以用于扑灭带电设备的火灾。

干粉灭火器是一种效能较好的灭火器材。它是用一种微细的粉末与二氧化碳的联合装置，靠二氧化碳气体作动力，将粉末喷出扑灭燃烧物。由于干粉是一种轻而细的粉末，所以能覆盖在燃烧物体上，使之与空气隔绝而灭火。这种干粉无毒、无腐蚀作用。

干粉灭火器有手提式和推车式二种，在使用时，拔出保险销，一手拿着喷嘴胶管，对准燃烧物体，另一手握住提拔，拉起提环，粉雾即喷出。干粉灭火器的使用及注意事项与二氧化碳灭火器相同。

3. 泡沫灭火器

泡沫灭火器主要用来扑灭油类、可燃烧物体的初起火灾。此灭火器不宜扑灭可溶性液体的火灾。

化学泡沫灭火器内装有酸性物质（硫酸铝）和碱性物质（碳酸氢钠）。这两种水溶剂经混合后发生化学反应而产生化学泡沫。另外，在碱性物质中还有一定量的甘草汁或烘干了的空气泡沫液体发泡剂，可使泡沫稳定、持久、提高泡沫的表面张力，但该物质不参加化学反应。化学泡沫是由泡沫灭火器的水溶性物质通过物理、化学的作用，充填大量气体（二氧化碳或空气）后形成无数的小气泡。由于这些泡沫比重轻，可以漂浮在液体表面。泡沫可以隔断空气、降低燃烧物表面的温度，因而可以达到灭火效果。

4. “1211” 灭火器

“1211”灭火器是一种高效、安全的灭火器材。它的绝缘性能好，灭火时不污损物品，灭火后不留痕迹、毒性低、腐蚀性小，并有灭火效果好、速度快和久储不变质的优点。

“1211”是卤化物二氟一氯一溴甲烷的代号，是卤代烷灭火剂的一种。该灭火器可用于油类、化工原料、易燃液体、精密设备、电器设备等燃烧物质的灭火，但不适合于活泼金属，金属氢化物及本身是氧化剂的燃烧物质的火灾。

“1211”灭火器有手提式和推车式二种。饭店一般用手提式灭火器。在使用时，只要拔掉安全销，然后握紧压把开关，压杆就使密封阀开启，“1211”在氮的压力作用下，通过吸管由喷嘴射出，当松开把手时，阀门关闭停止喷射。在使用“1211”灭火器时，应垂直操作，不可将钢瓶平放或颠倒使用。在灭火时，喷嘴要对准火焰根部，并向火焰边缘左右扫射，快速向前推进，如遇零星火可以点射扑灭。

火灾，只要管理者重视，每一位员工关心、爱护集体，自觉遵守安全操作规程，提高防火安全的自觉性，处处留心，火灾是可以得到预防的。

主题练习

简答题

1. 简述厨房的结构和各区的功能？
2. 厨房设计与布置应遵循什么原则与要求？
3. 厨房位置的确定方法？
4. 预防火灾的方法有哪些？
5. 如何在厨房中防止意外伤害的发生？
6. 个人卫生在厨房生产过程中的重要性？
7. 如何有效地避免厨房人身安全事故的发生？
8. 为了防止电击伤，生产操作时应注意哪几点？
9. 安全管理的基本要求。
10. 常用的灭火器材及使用方法。

主题六

烹饪专业就业指导

就业问题是所有职业学校学生及其家长最关心的问题，让烹饪专业学生具备就业所需的素质、知识及技能，顺利走上工作岗位，并且为用人单位所接纳，是非常重要的。

作为一名烹饪专业的学生，应该了解烹饪专业就业的形势、必备素质、个人简历的制作方法、面试的技巧及正确的择业观和创业观。

模块一　烹饪职业就业形势与就业必备素质

随着人们的观念的改变，当前烹饪专业毕业生就业的难度进一步增大，这无疑给职业学校带来了新的课题，也给学生带来了新的震撼。烹饪专业学生只有树立起了新的、正确的职业观，才能在严峻的就业形势下勇敢地迎接挑战。烹饪专业学生选择职业必须清醒地认识到时代发展的背景，理解当前的就业形势，同时在学习生活中具备一定的必备素质。

一、烹饪专业毕业生就业形势分析

随着我国改革开放的不断深入，各类专业学校的管理体制发生了一定的变化，相应的职业学校毕业生就业制度也从计划经济体制下的国家包分配发展到市场经济条件下的双向选择和自主择业，在这种情况下，尤其是烹饪专业毕业生的就业状况及学生的就业思路也发生了较大的变化，了解烹饪专业毕业生就业形势就显得非常重要。

人山人海的招聘现场

(一) 烹饪专业毕业生不同的就业时代背景

在我国，正式开办烹饪专业高等教育是在 20 世纪 80 年代，当时也是“千军万马过独木桥”，能够考进屈指可数的几所设立烹饪专业的学校学习，加上全部是国家培养，原料费、生活补助等全都由国家包办，毕业也是由国家统一分配，可以说不管踏进哪所学校，就是拿了一个“铁饭碗”，因此，与其他专业的学生一样，烹饪专业毕业生理所当然地是荣耀一番的“骄子”，到了用人单位，备受人们的欢迎。

在市场经济的今天，由于近几年由于高校连续扩招，“普高热”持续升温，烹饪专业毕业生大都是从中、高考的独木桥上被挤下来的学生已是个不争的事实。加之，企业改制，职工下岗分流，用人单位盲目追求人才高消费，职业学校毕业生就业普遍困难也带来了烹饪专业毕业生就业的难上加难，经过如此循环，进而总体上造成烹饪专业生源锐减，质量骤降。招收进来的学生很大一部分在智力素质方面，表现为文化基础薄弱，认知、记忆、思维能力较差，对授课内容难以理解，考试成绩差；在非智力素质方面，表现为对学习缺乏兴趣，自信心不足，不愿动脑，无良好的学习品质和习惯；在行为习惯方面，表现为意志薄弱，自制力差，不能抗拒内外诱因的干扰，不能自觉遵守纪律，散漫、懒惰、粗心大意、畏难中辍等。教师们普遍反映，现在的学生难教难管。针对烹饪专业学生中的实际，如果对这些被应试教育淘汰的学生，仍使用原来的传统就业理念引领学生，用陈旧的就业观教育学生中，那么就无法完成现代烹饪专业教育的目标，更谈不上培养高素质的技术工人，高质量的就业。

（二）当前就业形势分析

1. 当今社会对烹饪毕业生的要求

目前，我国经济的发展正实现着从“粗放型”向“集约型”的转变，从片面追求产值速度和盲目扩大投资规模向提高经济效益的转变。集约型经济增长方式是一种主要依靠技术创新和劳动者素质提高实现经济增长的一种方式，尤其是餐饮企业在市场经济中的竞争内容会反映在技术竞争和劳动者素质的竞争上。在面临市场激烈竞争的情况下，开拓新市场，寻找生产销售新出路成为饭店餐饮的首要任务。因此，对烹饪从业劳动者素质的要求越来越高。具体说，从以下四个方面提出要求：一是要求成为智能型烹饪从业劳动者，也是我们通常所说的“儒厨”。智能型烹饪从业劳动者是掌握相当的烹饪专业知识，具有熟练的烹饪劳动、工作技能，能从事知识、智力为基础的新时期烹饪劳动者。二是要求成为复合型烹饪从业劳动者。复合型烹饪从业劳动者就是拥有多种烹饪专业技能的劳动者（如中、西式烹调；红、白案制作；理论、实践分析等）。随着市场经济的发展，大流通的深入，餐饮业也将会发生大变革，越来越多的烹饪专项技能将成为新时代烹饪从业劳动者的通用技能，因此，要求烹饪从业劳动者要能够掌握复合型烹饪技能。三是一切成为社会型的劳动者。在信息时代，即便是从事烹饪劳动技能的专业劳动者，也需要的是具有餐饮企业的组织能力、协调能力以及从事餐饮活动所必备的社会活动能力、协调能力的社会型劳动者。四是要求成为创业型劳动者。社会主义市场经济是一场深刻的变革。创业能够使被动就业转变为自主就业，发挥自己的主动性去找到生存的适合位置。新时期的烹饪劳动者必须同时具备从业和创业的双重能力，具备多方面的职业转移能力和自谋职业的能力。只有这样，才有可能进行最安全的职业选择，为生存和发展提供永久性的保障。我国正在建立社会主义市场经济体制，出于国有企业和政府机构改革的深化，大企业、大公司、大单位所能给人们提供的就业机会十分有限，相对而言，国有的大型餐饮企业更是少之又少，烹饪专业毕业生所面临的就业渠道也呈多元化趋势。烹饪专业学生有必要了解当今社会中餐饮企业所急需的烹饪人才的特点以及对烹饪人才的素质要求，以便根据社会需要来确立自己的职业理理。

2. 社会发展带来烹饪就业机遇

由于当今社会的发展和经济地位的进一步提升，我国的餐饮业也发生很大的变化，烹饪技能的分工也进一步细化，尤其是近二十年来的餐饮业，产生了一系列新专业门类，如营养分析师、药膳调剂师、烹饪设备设计师等一批烹饪专业新门类应运而生，这些都给烹饪专业学生描绘出了一幅崭新的职业前景。大型豪华餐饮企业需要高素质、高专业技能的劳动者。合资餐饮企业、民营餐饮企业异军突起，如雨后春笋般地产生，他们对技能适用性、敬业精神、劳动效率高及团队协作能力的烹饪专业较为关注，学生将被吸引技能操作和餐饮管理的第一线，成为技术员和管理员。现代服务业为烹饪专业的年轻人提供了一个广阔的事业天地。我国国际劳务市场的建立和完善，开辟了劳务输出的新领域。我国加入世界贸易组织，劳动力引进来、走出去的机会和数量会大大增加。加之中国作为“世界三大烹饪王国”之一，烹饪专业的技能也会越来越多的世界人民所喜欢。由此可见，烹饪就业市场蕴涵着无限生机，将为烹饪专业毕业生提供大量的就业机会。

做一做

根据目前的就业形势，你认为应该怎么面对？

二、烹饪毕业生就业的必备素质分析

作为烹饪专业学生，了解就业时必备的基本素质，这样才能更好地适应社会的需要、适应就业岗位的要求。

【案例】

天道酬勤牢记心　澳门厨界显风流

1999 年中学毕业后，孙荣来到一所职业学校学习烹饪。他深知这样的学习机会对于一个农村孩子的珍贵，一入学就埋头学习，刻苦钻研烹饪技术，因成绩突出，很快就被任命为班长。虽然只是一个小班长，但他觉得这是大家对他学习表现的一种肯定，于是更加勤奋努力，希望凭借自己的双手成就一个农村学子的梦想。

2002 年毕业后，他被推荐到扬州烧鹅皇餐馆工作，之后又来到天天蛇馆工作，再到上海拜师学艺，接着获得 2003 年度江苏省烹饪大赛的银奖，比赛结束后，孙荣来到南京外国语大学担任行政总厨的工作。

不久以后，不满足的他又来到澳门发展，2005 年孙荣成为澳门烹饪协会会员，2006 年取得了澳门中厨中级厨师证书。在澳门回归五周年的宴会上，孙荣被推荐为中餐设计，各界反应良好，这是他成长历程中一个重要的里程碑。

【案例思考】

案例中的孙荣成功的原因是什么？

良好的就业就是选择了你自己的未来。进入烹饪专业学习，意味着已经站在餐饮行业职业生涯的起跑线上，向就业的道路上前进。为了顺利达到目的，烹饪专业学生就必须具备四种基本素质。

（一）自我角色定位的心理素质

角色是指属于特定的个体在一定的社会和群体中占有适当的位置以及被该社会群体规定了的行为模式。角色定位决定着某一个体的社会化定向。在传统观念中，个体的社会化定向是在社会上谋取成功和地位。不同的社会化定向必然导致青年学生有选择地接受不同的社会影响，导致青年学生形成与其特定角色地位相适应的不同的心理内容和人格倾向。学校是个体社会化的重要场所，是家庭与社会的中间环节，青年学生的角色知识在这里得到扩展和

想一想

作为一名烹饪专业学生，应该具备怎样的心理素质？

加深。角色观念影响着青年学生对就业的选择。青年学生朝气蓬勃，时代感强，思维敏捷，有着强烈的责任感、使命感、成就感，向来被称为“天之骄子”。由于绝大多数大学生都经历了激烈的中、高考竞争，虽然在各类竞争中曾落败过，但作为好胜的年轻人，仍有一种精英意识和特殊身份意识，无意中也会流露出年轻人的优越感，在就业选择时往往体现出对就业的过高期望。其实，由于我国对职业教育的高度重视，我国也正从技能奇缺向技能提倡教育过渡。越来越多的高技能人才正逐步产生，烹饪专业技能也不例外。在现代社会，知识和技能只是个人适应社会、成为社会合格成员而必须掌握的基本劳动技能和生存技能。作为烹饪专业学生不应该是有优越感的技能群体，而应该是就业劳动大军中的普通一员。随着改革开放的不断深入和经济的发展，我国的服务业需要我国培养大量高技能的现代烹饪从业者，也就是说，社会大量需要的是素质高、能力强、技能精的服务业人员。所以，有了合理的自我角色定位，烹饪专业学生才能正视自己的身份，找到适合自己的位置。

（二）正确就业规划的思维素质

在社会主义社会，职业只有分工的不同，没有高低贵贱之分。无论哪种职业，都是社会这个整体不可缺少的组成部分，每一个社会成员都在用自己的聪明才智，各尽所能，支撑着社会，推动着时代前进。作为烹饪专业的毕业生，一定要摆脱轻视体力劳动或服务性劳动传统思想的影响，根据社会的需要，选择适合自己的就业渠道，最大限度地发挥自己的才能和技能。特别要摒弃计划经济时代“一步到位”的传统就业观念，树立“先就业，后择业，再创业”的观念。先要有工作岗位才能锻炼能力，能力强了才能更好地发展自己的事业，使自己的理想得以实现。如果烹饪毕业生在就业时把目标定得太高，到头来难免坐失良机。面对就业和劳动力市场的现实，烹饪专业学生必须从实际出发，勿“高、大、空”，做到“正视现实、正视自身”。正视现实，就是要面对社会主义市场经济发展的客观实际。正视自身，就是依据自身的技能与能力进行全面分析和综合评价自我。每个人都有往高处走的欲望，此举也无可厚非，但若不能正确就业规划，而是盲目跟风跳槽，杂乱无章的工作经历，一个没有针对自身事业发展的长远职业规划，不仅不会为将来的就业“添砖加瓦”，更会产生一种“伤害”。

（三）具备参与竞争的知识素质

选择职业的竞争意识。“物竞天择，适者生存”是生物界生存和发展的普遍法则。学生在就业过程中，“优胜劣汰”已经成为就业竞争的法则。这对竞争能力强的人是良好的机遇，对竞争能力弱的人意味着危机。因此，我们必须不断提高自己的竞争能力。提高竞争能力的途径：第一是要努力加强思想品德修养和努力学习烹饪专业知识提高专业技能。在社会主义市场经济条件下，餐饮企业内的用人原则是不愁你没有事做，就怕你没有知识和技能。学生在学校是学习知识和技能的最好机会，努力学习公共课程，有机会学习和考取计算机等级证书，有机会考取烹饪外语等级证书，有机会考取文秘等级证书，进而为今后成为餐饮管理人员奠定基本的知识基础。努力学习烹饪专业课程，就有机会考取烹饪技术等级证书。多一个烹饪技能方向的职业技术证书，就多一份成功的机会，也为今后成为餐饮企业技术骨干奠定了基本的技能基础。所以，应该根据当今餐饮企业对从业人员的需要，努力学习知识和专业技能，抓紧时间多取得技能等级证书。第二是提高综合素质。有一位餐饮企业领导人曾说过这样一番话："市场经济逼得我们三顾茅庐，四处寻宝。我们宁愿让那些不胜岗位的职工下岗白拿工资，也必须以优惠的政策聘请人才，不然企业就无法生存。"面对市场的竞争，只有努力学习专业知识和专业技术，努力提高职业道德水平，锻炼好身体，全面发展自己，才能在竞争中站稳脚跟。

想一想

作为一名烹饪专业学生，应该具备哪些知识？

（四）适应市场变化的能力素质

就业，不仅取决于个人的知识和技能因素，而且还取决于对就业信息的掌握和运用的能力。一个人如果能适应市场的不断变化而掌握了大量信息，他的就业视野就会广阔，就能争得主动权，不失时机地选择自己的位置。就业信息是就业的基础，是通向就业的桥梁。烹饪专业毕业生应该广泛地收集餐饮企业的相关信息，以寻求更多的就业机会。这就要求多接触社会，了解社会，了解社会主义市场经济的发展，积极适应我国经济体制多元化对劳动者提出的要求，探索实现自我价值的途径。以公有制为主体，多种所有制经济共同发展是我国的一项基本经济制度。随着我国市场经济体制的不断完善，国有经济在转制过程中，劳动力需求状况明显供大于求，而非公有制经济显示了旺盛的发展趋势，已经成为促进国民经济发展不可忽视的力量，急需大量技术人才，尤其是作为当前我省重点提倡的现代服务业中的一员——餐饮业，更是随着旅游业的发展，人员的流动而急需大量的高质量的烹饪人才。同时随着西部大开发战略的实施，餐饮业也将出现一个新的起点，必将创造大量的就业机会。转变就业观念，把目光投向新兴时代的发展，投向社会的需求，是有志气的烹饪毕业生施展才华、实现抱负的值得鼓励的选择。

想一想

作为一名烹饪专业学生，应该具备哪些能力？

模块二　烹饪专业就业岗位认知

作为烹饪专业的学生，必须了解将来就业岗位，尤其是就业岗位的能力要求、知识要求、技能要求等，只有掌握就业岗位所需要的诸多条件，才能顺利找到合适的就业岗位。

一、烹饪专业岗位能力

不同的职业需要不同的职业能力，不同岗位需要不同的岗位能力、专业知识。烹饪专业的职业核心能力见表 6-1，岗位能力见表 6-2，知识结构见表 6-3。能力结构见表 6-4，素质结构见表 6-5。中餐烹饪各岗位对应的知识、能力素质见表 6-6。

表6-1 职业核心能力表

核心能力		能力构成	相关课程（含实践训练课）	能力要求	备注
职业核心能力	人文素质	具有运用辩证唯物主义的基本观点及方法认识、分析和解决问题的能力	思想道德修养与法律基础	一般掌握	
		具备必要的法律知识，理解新时代中国特色社会主义思想	毛泽东思想与中国特色社会主义理论体系概论、形势与政策	一般掌握	
		具有爱国主义思想，国防意识	国防教育（含军训）	一般掌握	
		具有较强社会适应能力和社交能力	人文素养	一般掌握	
	能力素质	具有熟练操作计算机常用软件、并且处理业务工作的能力，获得NIT证书	信息处理	熟练掌握	
		具有一定的英语应用能力，通过全国英语等级一级考试	外语应用	熟练掌握	
		具有一定的语言及公文写作的能力	应用写作	一般掌握	
		具有较强的社会适应能力和社交能力	职业素质拓展	一般掌握	
		具有择业、就业和自主创业的能力	就业与创业与指导	一般掌握	
	行为素质	具备大学生的基本行为规范	入学教育	一般掌握	
		锻炼身体的基本技能，养成良好的体育锻炼和卫生习惯，达到国家规定的高职学生体育和军事训练合格标准	体育与健康	一般掌握	
		具有健康的心理素质	心理健康教育	一般掌握	
		具有熟练运用人际交往的技巧，展示沟通艺术能力	职业礼仪	一般掌握	

表6-2 岗位核心能力表

核心能力		能力构成	相关课程（含实践训练课）	能力要求	备注
岗位核心能力	岗位基础能力	加工制作	中国饮食文化概论、烹饪工艺学、烹调技术、烹饪基本功训练、综合实训、顶岗实习	熟练掌握	
		成本核算	饮食成本核算	一般掌握	
		烹饪制作	烹饪营养卫生、烹调技术、烹饪基本功训练、综合实训、顶岗实习	熟练掌握	
	岗位核心能力	餐饮服务专业操作能力	中国饮食文化概论、现代厨政、烹调技术、烹饪基本功训练、综合实训、顶岗实习	熟练掌握	
		中餐、中式面点制作的能力	烹饪营养与卫生学、面点制作技术、综合实训、顶岗实习	熟练掌握	
		西餐、西点制作的能力	西餐烹调工艺、综合实训、顶岗实习	熟练掌握	
		制作各式小吃的能力	冷拼与食品雕刻技艺、创新菜点开发与设计、中华药膳	熟练掌握	
	岗位拓展能力	大型餐饮活动组织、策划能力	烹饪展台制作、筵席设计与制作	熟练掌握	
		烹饪技术延伸能力	烹饪工艺学、中国名菜	熟练掌握	
		烹饪产品营销的基本能力	餐饮管理	一般掌握	

表 6-3　知识结构分析表

<table>
<tr><th>一级知识名称</th><th></th><th>二级知识名称</th><th>三级知识名称</th><th>重要程度</th><th>备注</th></tr>
<tr><td rowspan="13">职业核心能力</td><td rowspan="4">人文素质</td><td>思想道德修养与法律基础</td><td>具有爱国主义、集体主义、社会主义思想，遵纪守法，有良好的思想品德、社会公德</td><td>A</td><td></td></tr>
<tr><td>毛泽东思想与中国特色社会主义理论体系概论</td><td>热爱祖国，拥护中国共产党的领导，懂得马列主义、毛泽东思想和邓小平理论与“三个代表”的基本理论</td><td>A</td><td></td></tr>
<tr><td>国防教育（含军训）</td><td>深化爱国主义教育，增强国防观念，提高国防素质，激发爱国热情，为促进国防建设与经济建设协调发展</td><td>B</td><td></td></tr>
<tr><td>人文素养</td><td>人文知识的培养，主要侧重于学生各方面综合能力的提高，进而达到学生科学素质和人文素质的平衡发展</td><td>B</td><td></td></tr>
<tr><td rowspan="5">能力素质</td><td>信息处理</td><td>信息处理计算机应用基本知识</td><td>A</td><td></td></tr>
<tr><td>外语应用</td><td>英语阅读、听说、写作知识</td><td>A</td><td></td></tr>
<tr><td>应用写作</td><td>专业论文、公文写作</td><td>B</td><td></td></tr>
<tr><td>职业素质拓展</td><td>与人交流、与人合作、解决问题、自主学习、革新创新</td><td>B</td><td></td></tr>
<tr><td>创业与就业指导</td><td>具有服务意识和艰苦创业、团结协作精神具备自我实现、追求成功强烈的创业意识</td><td>A</td><td></td></tr>
<tr><td rowspan="4">行为素质</td><td>入学教育</td><td>学生安全教育、卫生教育方面的知识</td><td>B</td><td></td></tr>
<tr><td>体育与健康</td><td>锻炼身体的基本技能，养成良好的体育锻炼和健康习惯，达到国家规定的高职学生体育和军事训练合格标准</td><td>A</td><td></td></tr>
<tr><td>心理健康教育</td><td>心理健康教育的基本知识</td><td>A</td><td></td></tr>
<tr><td>职业礼仪</td><td>人际交往、沟通的基本知识</td><td>B</td><td></td></tr>
<tr><td rowspan="11">岗位核心能力</td><td rowspan="11">岗位基础学习领域</td><td rowspan="3">烹饪基础知识</td><td>中国烹饪艺术及其成果</td><td>A</td><td></td></tr>
<tr><td>烹饪及其文化特色</td><td>A</td><td></td></tr>
<tr><td>烹饪原料基础知识</td><td>A</td><td></td></tr>
<tr><td>化学基础知识</td><td>烹饪化学基础知识</td><td>A</td><td></td></tr>
<tr><td>西餐基础知识</td><td>西餐烹调工艺</td><td>A</td><td></td></tr>
<tr><td rowspan="2">面点基础知识</td><td>中西面点的技术特点</td><td>A</td><td></td></tr>
<tr><td>中西面点常用设备与工具</td><td>B</td><td></td></tr>
<tr><td>凉菜基础知识</td><td>原材料、制作方法、技巧</td><td>A</td><td></td></tr>
<tr><td rowspan="2">冷拼与食品雕刻基础知识</td><td>冷拼基本方法、要求</td><td>A</td><td></td></tr>
<tr><td>食品雕刻的制作技术</td><td>A</td><td></td></tr>
<tr><td>饮食成本核算知识</td><td>饮食成本核算基础知识</td><td>A</td><td></td></tr>
<tr><td rowspan="20">岗位核心能力</td><td rowspan="18">岗位核心学习领域</td><td rowspan="3">烹饪工艺知识</td><td>烹饪工艺造型原理</td><td>A</td><td></td></tr>
<tr><td>烹饪器具造型艺术</td><td>A</td><td></td></tr>
<tr><td>餐饮环境、烹饪造型艺术与赏析</td><td>A</td><td></td></tr>
<tr><td rowspan="2">西餐工艺知识</td><td>西餐餐具与酒具要求</td><td>A</td><td></td></tr>
<tr><td>西餐的基本制作与应用</td><td>B</td><td></td></tr>
<tr><td rowspan="2">凉菜制作知识</td><td>凉菜的地位与作用</td><td>A</td><td></td></tr>
<tr><td>凉菜制作工艺</td><td>B</td><td></td></tr>
<tr><td rowspan="3">面点工艺知识</td><td>中西面点的技术特点</td><td>A</td><td></td></tr>
<tr><td>面团调制基本技术</td><td>A</td><td></td></tr>
<tr><td>面点成形基本技术</td><td>B</td><td></td></tr>
<tr><td rowspan="2">营养卫生学知识</td><td>营养学和食品卫生学的基础知识和原理</td><td>A</td><td></td></tr>
<tr><td>烹饪和餐饮的食品营养卫生和安全</td><td>B</td><td></td></tr>
<tr><td rowspan="2">餐饮管理知识</td><td>掌握和进行餐饮质量管理</td><td>A</td><td></td></tr>
<tr><td>进行餐饮活动策划与产品开发</td><td>B</td><td></td></tr>
<tr><td rowspan="2">宴会设计知识</td><td>宴会设计的特点、要求及程序</td><td>B</td><td></td></tr>
<tr><td>宴会设计方法和注意事项</td><td>A</td><td></td></tr>
<tr><td>食品安全知识</td><td>食品安全法和食品安全知识</td><td>A</td><td></td></tr>
<tr><td></td><td></td><td></td><td></td></tr>
<tr><td rowspan="2">岗位拓展学习领域</td><td>写作知识</td><td>基础写作知识、专业写作知识</td><td>B</td><td></td></tr>
<tr><td>市场营销基础知识</td><td>市场营销基本理论与策略</td><td>B</td><td></td></tr>
</table>

表 6-4　能力结构分析表

一级能力名称		二级能力名称	三级能力名称	重要程度	备注
职业核心能力	人文素质	思想道德修养与法律基础	具有运用哲学的基本观点及方法认识、分析和解决问题能力	A	
		中国特色社会主义理论体系概论	具备必要的法律知识，理解新时代中国特色社会主义思想	A	
		国防教育（含军训）	培养学生的爱国主义思想	B	
		人文素养	具有较强社会适应能力和社交能力	B	
	能力素质	信息处理	计算机和专业软件应用能力	A	
		外语应用	外文阅读及对话能力	A	
		应用写作	应用文写作能力	B	
		职业素质拓展	具有较强的社会适应能力和社交能力	B	
		就业与创业指导	具有择业、就业、转岗能力	A	
	行为素质	入学教育	具备大学生的基本行为规范	B	
		体育与健康	体育锻炼方面的能力	A	
		心理健康教育	具有健康的心理素质	A	
岗位核心能力	岗位基础能力	营养配餐能力	烹饪营养与卫生	A	
		药膳制作能力	烹饪营养与卫生	A	
		烹饪基本功应用能力	烹饪原料的鉴别、加工能力	A	
		烹调应用能力	色香味的精辨能力	A	
	岗位核心能力	中餐制作能力	原料的加工及烹饪设备的应用能力	A	
		西餐制作能力	原料的加工及烹饪设备的应用能力	A	
		面点制作能力	中式及西式面点制作能力	A	
		食品雕刻及应用能力	凉菜制作和拼摆能力	A	
	岗位拓展能力	组织管理能力	现代厨政管理及餐饮策划能力	A	
		社会交往能力	与顾客交往沟通能力	A	
		营销能力	成本核算和销售能力	B	
		艺术设计和鉴赏能力	艺术审美及策划能力	B	

表 6-5　素质结构分析表

一级素质名称	二级素质名称	重要程度	备注
思想道德素质	政治理论修养	B	
	科学的思维方法	A	
	爱岗敬业、团结协作的精神	B	
	良好的行为规范、职业道德	A	
身心素质	身体健康	A	
	适应能力强	B	
	情绪情感控制良好	B	
文化素质	文史素养	A	
	法律知识修养	B	
	人文素养	A	
职业素质	熟知专业理论知识	A	
	掌握职业技能	A	
	了解市场行情	A	
创业素质	具有创业意识	B	
	能够分析和把握市场	A	
	实干精神	A	

表 6-6　职业岗位对应的知识、能力和素质要求

职业岗位	工作任务	对应的知识、能力和素质要求		
		知识	能力	素质
中餐烹饪	1. 原料选择与加工（水台）	1. 常见原料的产地、产季及品质特点 2. 各种原料组织分布情况	1. 鉴别原料的新鲜度 2. 会用各种方法加工原料	1. 操作规范、讲究卫生、物尽其用 2. 能触类旁通，举一反三
	2. 切配	1. 刀具与砧墩的选择、使用、保养 2. 常见刀法的要领 3. 配菜的原则、要求与方法	1. 能用各种刀法加工原料 2. 会根据原料和菜肴特点进行配菜	
	3. 打荷	1. 熟悉菜肴制作程序 2. 掌握统筹协调方法	1. 能协调好各程序之间的关系 2. 具有现场协调能力	1. 主动、积极 2. 灵活、机智 3. 处变不惊
	4. 凉菜制作	1. 掌握冷拼制作的要领 2. 熟悉凉菜制作的方法 3. 具备一定的美学知识	1. 进行简单的凉菜制作与拼摆 2. 花式拼盘的设计与制作 3. 主题凉菜的确定	具有一定的创新精神 具有一定的审美意识
	5. 热菜制作	1. 掌握好翻锅技巧、注意事项 2. 了解热传递的种类与使用范围 3. 掌握常见基本味型、复合味型的知识 4. 掌握熟处理的方法、要领 5. 了解各种现代化厨具的使用方法 6. 掌握菜肴的成型与装盘技巧 7. 了解菜肴加工过程中营养的变化	1. 熟练地进行菜肴制作 2. 能针对菜肴进行简单的营养分析 3. 会根据不同菜肴的要求进行合理装盘 4. 能进行创新菜点的设计与加工	1. 操作规范 2. 具有创新意识 3. 具有合作交流能力 4. 具有应对性
	6. 食品艺术与造型	1. 掌握色彩搭配知识 2. 了解构图原则 3. 懂得艺术组合	1. 能进行一些雕刻作品的制作 2. 根据菜肴要求合理进行菜肴美化 3. 能进行艺术拼盘的设计与制作	1. 具有一定的审美观 2. 具有创新意识
	7. 宴会设计	1. 掌握宴会菜肴的主要构成元素 2. 熟悉上菜的程序 3. 了解各地民俗风情、饮食禁忌等	1. 合理安排宴会菜单 2. 有序进行宴会设计 3. 针对不同主题进行合理布局	1. 大局意识 2. 主人翁意识 3. 管理能力 4. 协调沟通能力

二、烹饪专业就业岗位工作职责

烹饪专业就业岗位的工作职责，包括素质要求、主要职责及注意事项。烹调厨师、打荷、初加工、冷荤及烧腊皆是中职生或高职生就业的主要岗位。它们的素质要求、主要职责、注意事项（补充说明履行本岗位职责需注意的问题）、评估标准见表 6-7～表 6-10。

想一想

作为一名烹饪专业的学生，如何规划在校学习时间，学习掌握烹饪专业就业岗位的知识要求、能力要求？

表 6-7　烹调厨师岗位的素质要求、主要职责、注意事项、评估标准

项目	内容
素质要求	1. 文化程度：中专或高中以上学历 2. 专业知识：受过餐饮专业培训，精通一种菜系的制作工艺 3. 任职经验：受过烹饪专业训练，并具有业务创新能力 4. 其他要求：①熟知餐饮业卫生法规；②具有较高的职业道德水准、吃苦耐劳，能与同事和平共处，具有较强的敬业精神
主要职责（补充说明履行本岗位职责需注意的问题）	1. 在负责人的领导下，听从指挥，严格按照菜式规定要求、烹调方法、烹制菜肴，保证出品质量 2. 掌握所烹制菜系的基本特点，并熟知本店经营菜式的烹制要领和技术要求，抓好各种出菜成品的标准，达到味感、质感、观感、营养卫生的标准。 3. 熟悉主料、配料、调味的使用，掌握炒、熘、炸、烹、爆等 24 种基本烹调技法，了解嫩滑爽、软糯烂、酥松脆等烹调特点 4. 做好开发性原料的组织计划；保证所需用具的洁净与使用功能；保证上菜的速度，在规定的时间内完成头菜及尾菜的上菜任务 5. 做到帮上教下、以身作则，带好助理见习生、互相协助，提高工作效率，按时完成上级交办的各项工作任务 6. 严格按照菜品主、辅料的投料比例、卫生标准烹制菜肴；做到安全、卫生、节能
注意事项	1. 熟知本部门的专业知识和安全消防、卫生法规 2. 熟知本班组水、电、气、油等能源的使用操作
评估标准	1. 所烹调菜肴的烹调方法与口味符合菜式规定，能够保证出品质量 2. 能够控制菜品成本 3. 热心传帮带工作

表 6-8　打荷岗位的素质要求、主要职责、注意事项、评估标准

项目	内容
素质要求	1. 文化程度：中专以上文化程度 2. 专业知识：接受过专业培训，掌握菜品的上菜程序，应知应会上浆、挂糊、拍粉；对调味品的名称、用途、特征熟知；能掌握煮、炸、焯、涮等基本烹调技法 3. 任职经验：具备检查食品卫生、控制菜肴数量、质量、合理安排出菜顺序，及时无误出品的业务能力 4. 其他要求：①熟知餐饮业卫生法规，本部本职各项制度；②熟悉厨师行业，能吃苦耐劳，听从指挥
主要职责	1. 在负责人及烹调厨师的督导下，做好本职工作，熟知各种物料的配备情况及基本菜肴烹制技法 2. 负责菜肴的必备餐具，调味领用，在规定时间内准备齐全，对成品菜肴的外形、卫生、盘边进行形象设计，使菜肴达到美观诱人的程度 3. 与其他厨师密切配合，负责日常原料的统计。申领计划，对所存物料能详知数量、保质日期
注意事项（补充说明履行本岗位职责需注意的问题）	1. 与传菜部保持良好的配合关系，做到出菜及时准备，更换菜品及时与砧板、传菜员通知，对催加急菜品应告知后果，速做速上 2. 热爱本职工作，爱护设备、设施，搞好区域卫生，主动自觉协助同事做好本职工作，月底协助盘点工作
评估标准	1. 餐前准备工作充分，餐具与调味品领用品种及数量得当 2. 各菜式配备合理无差错 3. 成品菜肴的外形、卫生、装饰美观诱人 4. 对所存物料详知数量、保质期限，日常原料的统计与申购工作能够圆满完成

表 6-9　初加工岗位的素质要求、主要职责、注意事项、评估标准

项目	内容
素质要求	1. 文化程度：初中以上学历 2. 专业知识：懂得原料知识和原料初加工知识 3. 其他要求：①熟知餐饮业卫生法规，接受过专业的技术培训；②能接受本部门各项安全，卫生等所有规章制度；③掌握或了解各种动植物的产生、特性及加工工艺；④能够听从组织的安排与分工，吃苦耐劳有进取向上的从业精神；⑤要有扎实的操作技能、做到原料的合理利用保证出料率，有控制成本的工作能力

续表

项目	内容
主要职责	1．对各种初加工原料能正确地处理与宰杀，能识别动物的肥、瘦、老、嫩、雌、雄之分 2．加工原料时严格掌握执行卫生标准，仔细地检查、清洗干净所加工原料，不能有处理不到位的部位（如：鱼不能有鳞、贴骨血，菜不能有沙） 3．保持地面及周围卫生，对地面和使用设备卫生随脏随清理，加工间不能有水渍、污渍。 4．按提货单或申购单领取当日厨房所需加工原料，按时完成工作 5．对自己所领用的物品妥善保管，合理摆放、保养，听从领导指挥，搞好环境卫生
注意事项（补充说明履行本岗位职责需注意的问题）	1．做好不同原料的分类、储存，注意原料存储时间和数量，及时提醒使用部门，做好原料计划使用安排 2．加工原料与送发、领取时注意卫生
评估标准	1．对原料和原料的加工知识掌握程度 2．原料清洗干净，达到卫生标准要求 3．地面与周边卫生处理及时，无水渍 4．工作按时完成 5．物品保管得当

表 6-10　冷荤、烧腊岗位的素质要求、主要职责、注意事项、评估标准

项目	内容
素质要求	1．文化程度：具有中专或相当学历。 2．专业知识：接受过专业的技术培训，熟练掌握冷荤、烧腊制作工艺；掌握凉菜的基本特性，对刀工及火候的特殊要求 3．任职经验：具有 3～5 年以上的工作经验 4．其他要求：能充分利用原料，并有创新能力及时推出特色的风味菜点；有控制成品的能力，对热菜剩余物品能合理利用，与其他部门能密切配合。熟知餐饮业卫生法规，通晓本部门安全、卫生等制度
主要职责	1．负责本部冷荤、烧腊菜品的加工制作，保证出品质量 2．做好充分的餐前准备，餐中的出菜速度及出菜程序 3．严格执行食品卫生法规及有关政策，讲究个人卫生 4．对所辖区的空间设备设施用器进行消毒处理，保持本区域内的卫生清洁
注意事项（补充说明履行本岗位职责需注意的问题）	1．严把原料验收与成品质量关 2．对各种原料的储存要求生、熟分离，合理存放
评估标准	1．个人及岗位区域卫生状况和出品质量达到标准要求 2．原料利用充分，成本控制合理 3．与其他部门配合密切，能够合理利用热菜剩余物品 4．餐前准备充分，保证出菜速度

模块三　烹饪专业学生就业准备

对于即将面临就业的烹饪专业学生，需要做一些准备工作，比如考取烹饪专业相关的职业资格证书、制作个人简历及了解劳动合同的签订等内容。

> **想一想**
>
> 你理想中的就业岗位是什么，你应该怎样做才能适应这个就业岗位？

一、考取相关职业资格证书

烹饪专业的学生在校期间可以考的职业资格证书包括中式烹调师和中式面点师两大类，包括中级烹调师、高级烹调师、初级面点师、中级面点师和高级面点师。

二、制作个人简历

面临就业，对每个毕业生而言，当务之急的事情恐怕就是制作一份个人简历了。那么，怎样制作个人简历呢？简历的内容、式样设计方案，仁者见仁，智者见智，然而关键的是你要记住，任何一个好的单位，他们收到的求职简历都会堆积如山。和你的预想正好相反，没有哪个人事主管逐一仔细阅读简历，每一份简历所花费的时间一般都不超过二分钟。这样，无法吸引他们注意的简历很可能被忽略而过，永久地沉睡在纸堆里。因此，“突出个性、与众不同”便是你设计个人简历成功的法宝。

一般来讲，个人简历的内容都应该包括：基本情况、个人履历、能力和专长、求职意向、联系方式等基本要素。

1. 本人基本情况

包括姓名、年龄（出生年月）、性别、籍贯、民族、学历、学位、政治面貌、学校、专业、身高、毕业时间等。一般来说，本人基本情况的介绍越详细越好，但也没有必要画蛇添足，一个内容、要素用一两个关键词简明扼要地概括即可。

2. 个人履历

主要是个人从学习阶段至就业前所获最高学历阶段之间的经历，应该前后年月相接。

3. 本人的学习经历

主要列出主修、辅修、选修等课科目及成绩，尤其是要体现与你所谋求的职位有关的教学科目、专业知识。不必面面俱到（如果用人单位对你的成绩感兴趣，可以提供给他全面的成绩单，而用不着在求职简历中过多描述这些东西），要突出重点，有针对性，使你的学历、知识结构让用人单位感到与其招聘条件相吻合。

4. 本人的实践、工作经历

主要突出学习阶段所担任的工作、职务，在各种实习实践当中承担的工作。

5. 本人的能力、性格评价

这种介绍要恰如其分，尽可能使你的专长、兴趣、性格与你所谋求的职业特点、要求相吻合。学习经历、实践工作经历同样反映了个人的能力、性格。因此，前后一定要相互照应。

6. 求职意向

简短清晰，主要表明本人对哪些行业、岗位感兴趣及相关要求。

7. 联系方式与备注

同封面所要突出的内容一样，一定要清楚地表明怎样才能找到你，区号、电话号码、手机号、E-mail 地址。否则，用人单位需要和你取得联系的关键时候，往往无法迅速找到你。

自荐信的范例可参考个人简历（表 6-11）。

自 荐 信

尊敬的领导：

您好！

首先，请接受我最诚挚的问候和深深的谢意，真诚地感谢您在繁忙的公务中浏览这份材料，在此，请允许我向您毛遂自荐。

我来自××学校，我的名字叫某某，是××学校中式烹饪的学生，是在校创业的职业学生之一，也是烹饪系的学生会主席，我积极主动地完成学校系科给予的各项工作，近年来的工作得到了大家的肯定并被扬州新闻、扬州日报、扬州时报多次采访。

我在学校期间学习了中餐、西餐、面点。对于西餐我特别的重视，因为我知道现在的餐饮业对于西餐方面的人员比较紧缺，烹饪行业同样如此，所以我在学校期间和在外实习期间我学习实践重点都放在西餐方面。下面介绍一下我在学校的一些情况：

在校期间，我一直对自己高标准严要求，积极地参加学校内外举行的各种烹饪比赛，如江苏省烹饪大赛预选赛等。在各种社会实践，如组织开展“社区服务行”系列活动，组织“步入商校，走向成功”大型文艺晚会，得到扬州日报等多家报社采访。在学校创业活动，我先后在学校创业园内开设“校源冰食站、创意小食府、校源烧烤站”并指导20届新生开设创业项目“爱的烘焙屋”等创业项目。在这些活动中学校也给了我充分的肯定。2008年我荣获扬州市市级优秀“三创”学生，2019—2020年多次获得校级“优秀团员”“优秀三创学生”“优秀学生干部”等多个奖项，并荣获学校B档奖学金，2020年被推荐评选扬州市市级“优秀团员”、市级“优秀社团干部”。这些成绩只能代表过去。对于即将走上工作单位的我还是站在零的起跑线上。我相信我自己能够不负众望。不要求自己做得最好，但是我能尽到自己的全部力量做到问心无愧。

尊敬的领导我知道我不是最好，但我愿用我的青春和热情乃至我的全部去接受新的挑战！当然我也知道贵学校在本地乃至全国都很有地位，没有我可能一样能直挂云帆，但若有了我的努力，相信公司一定会百尺竿头更进一步！

“长风破浪会有时，直挂云帆济沧海”，希望贵公司能给我一个发展的平台，我会好好珍惜它，并全力以赴，为实现自己的人生价值而奋斗，为贵公司的发展贡献力量。

此致

敬礼

自荐人：　某某

2021年4月1日

表 6-11　个人简历

姓名		性别		照片
出生年月		民族		
籍贯		政治面貌		
毕业院校		学历		
专业		方向		
身体状况		婚姻状况		
联系电话		电子邮件		
身份证号		QQ		
现任职务				
求职意向				
主修课程				
教育背景				
所获荣誉				
实践与实习				
个性特点				
个人爱好				
人生格言				

三、签订合同

求职成功正式录取后，学生需与用人单位签订正式合同，在签订合同时必须了解相关注意事项，以防上当受骗，造成不必要的损失。

四、签订合同的注意事项

签订劳动合同可不是一件轻松的事，由于用人单位和求职者双方当事人在劳动相关法规知识和法律知识上掌握程度的不平等，求职者明显处于劣势，因此求职者在签订合同时应注意下面的事项：

1）如果求职者进入到单位是通过熟人牵线的，碍于情面关系，求职者或者用人单位只是简单地达成了口头用工协议合同，但这种口头合同对求职者是相当不利的，因为一旦日后求职者与用人单位发生利益纠纷后，用人单位可以随意对待求职者，而求职者本人因无字据为证，只能承受可能发生的一切损失。为了保障个人的利益，求职者在正式进入到用人单位工作时，一定要与用人单位签订正式的用工合同，以便明确双方的权利和义务关系。

2）在求职者要和用人单位签订劳动合同时，许多个人单位常常事先起草了一份劳动合同文本，在文本中约定的责、权、利明显对单位有利，正式签订合同时用人单位只需要求职者简单地签个字或者盖个章就可以了。但求职者仔细推敲合同后，发现条款表述不清、概念模糊，而且合同内容只约定了求职者有哪些义务、要何遵守单位的各项制度，若有违反要承担怎样的责任等，而关于求职者的权利，除了报酬外几乎一无所有。为稳妥起见，笔者建议求职者在正式签订劳动合同时，最好要求用人单位到劳动行政部门所属的劳动事务咨询事务所进行劳动合同文本鉴定为好。

3）求职者签订劳动合同的本意就是想通过法律来保护自己的利益，但是如果签订的合同本身就是违法的，那么求职者的权益照样得不到法律保护。为此，求职者一定要先确认自己签订的劳动合同是否具有法律约束力，例如，用人单位必须具有法人资格，私营企业必须符合法定条件。双方签订的劳动合同内容（权利与义务）必须符合法律、法规和劳动政策，不得从事非法工作；此外签订劳动合同的程序、形式必须合法。

4）为了更好地用法律武器保障和维护自己的个人利益，求职者在签订合同之前，最好应该认真学习和了解一些劳动法律和法规方面的知识，例如合同双方当事人的权利义务，劳动合同的订立、履行、变更、终止和解除，劳动保护和保险，法律责任等，这样求职者在与用人单位起草劳动合同文本时，就能争取一些对自己有利的权利和义务，或者一旦日后用人单位违反合同规定，求职者就可以利用法律武器来捍卫自己的权益。

5）一份正式的合同应该条款齐全，日后双方一旦发生利益冲突，可以便于查证核实。为此，求职者在签订前一定要让单位负责人拿出合同原文，仔细审看合同条款是否齐全，如名称、地点、时间、劳动规则、具体工作内容和标准、劳动报酬、合同期限、违约责任、解决争议方式、签名盖章等。如无异议，再当面同单位负责人签字盖章，以防某些单位负责人利用签字时间不同而在合同上动手脚。

6）如果求职者所进的单位主要从事一些对人身安全有较大威胁的行业时，求职者一定要向用人单位确认，遇到工伤应该按照法律的规定来处理。现在不少单位只知道要求职者为他们卖命，一旦求职者伤残或者丧失劳动能力后，他们就毫不留情地一脚把求职者踢开，因此用人单位在起草合同时，为逃避承担的责任，要求职工工伤自理，或只是约定一些无关痛痒的条款，与国家法定的偿付标准相差很远。

7）许多私营单位为了达到要挟、控制求职者的目的，常常在签订合同之前要求求职者先交纳一定的上岗抵押金，这样求职者一旦违反约定，其上岗抵押金就会被没收，而用人单位因此有了有恃无恐的把柄，求职者只好唯命是从。为此，求职者应该首先弄清单位收取抵押金的用意，另外可以私下向内部员工打听一下该单位的声誉，以权衡一下到底是否应该交纳抵押金。

8）最后求职者还应该了解一下其他的细节问题，例如当合同涉及数字时，一定要用大写汉字，以使单位无隙可乘；另外要注意合同生效的必要条件和附加条件（如签证、登记）；合同至少一式两份，双方各执一份，妥善保管；双方在签订时如有纠纷，应通过合法方式解决。

做一做

上网搜索并了解厨师就业合同。

主 题 七

烹饪岗位规范

每一项工作岗位都有自己的规范要求。岗位规范涉及的内容很多，覆盖范围也很广，其中主要包括岗位劳动规则，即企业依法制定的要求员工在劳动过程中必须遵守的各种行为规范。具体内容如下：

1）时间规则，对作息时间、考勤办法、请假程序、交接要求等方面所做的规定。

2）组织规则，企业单位对各个职能、业务部门以及各层组织机构的权责关系，指挥命令系统，所受监督和所施监督，保守组织机密等项内容所做的规定。

3）岗位规则，亦称岗位劳动规范，是对岗位的职责、劳动任务、劳动手段和工作对象的特点，操作程序，职业道德等所作提出各种具体要求。包括岗位名称、技术要求、上岗标准等项具体内容。

4）协作规则，企业单位对各个工种、工序、岗位之间的关系，上下级之间的连接配合等方面所作的规定。

5）行为规则，对员工的行为举止、工作用语、着装、礼貌礼节等所作的规定。

这些规则的制定和贯彻执行，有利于维护企业正常的生产、工作秩序，监督劳动者严格按照统一的规则和要求履行自己的劳动义务，按时保质保量地完成本岗位的工作任务。

对于烹饪职业来说，岗位规范包括岗位通项规范和不同岗位的分项规范两大部分。

模块一　岗位通项规范

一、餐饮员工要爱岗敬业

餐饮一线员工要发扬劳模精神、工匠精神和劳动精神，爱岗敬业，并享有受尊敬的权利。

1. 爱岗敬业是餐饮员工的义务

1）爱国、爱岗、敬业是每个餐饮员工的义务。

2）爱岗敬业就要热爱被服务对象，提供优质的服务。

3）宁愿自己多流汗，不让顾客有抱怨。

4）严格遵守劳动纪律和操作标准。

5）爱护企业财物，爱护劳动工具。

6）团结协作，互相帮助，团结友爱。

7）服从领导、钻研业务，德技双馨。

2. 受尊敬是餐饮员工的权利

餐饮员工享有以下权利：

1）有自愿参加工会的权利。

2）享有四金（医疗、失业、公积金、人身意外保险）。

3）享有劳保用品和高温补贴。

4）享有尊严，得到尊重。

5）建言献策，参与民主管理。

6）有选举权和被选举权。

7）有获得先进荣誉称号和委屈奖的权利。

二、餐饮员工应安全和文明服务

1. 安全服务

1）餐饮员工要正确掌握和运用与岗位工作有关的电源、电器等设备，学习本岗位的《电业安全工作规程和操作流程》。

2）积极参加本岗位的安全活动和各种安全知识培训，不断提高安全技术素质。

3）熟悉消防器材的摆放位置，会熟练使用消防器材。严禁在操作间吸烟，认真执行安全生产的技术措施，严格执行规章制度，保证安全生产。

2. 文明服务

1）上班时，着装整齐，佩戴上岗标志，穿戴符合劳动保护要求的工作服、工作鞋。

2）上班前应首先检查设施是否正常，谨慎操作，不开玩笑，不干与上班无关的事情，上班期间严禁饮酒，不得酒后接班。

3）工作台上应始终保持整齐清洁，使用工具器具摆放整齐。工作的各种记录、资料应按规定要求定位存放，完好无损。严格执行交接班制度。

4）定期打扫工作、操作区域和卫生间等区域，保持这些区域的整洁。

三、餐饮员工请假制度

为了加强组织性、纪律性，使工作能有序正常进行，严格执行请假制度。正常情况下，每个餐饮企业都有自己的规定，员工必须按规定执行。

1. 请假手续

1）调休者必须有当月调休单方可调休。调休者需提前一天，需向所在班组长提出申请，得到同意后方可调休。调休一天以上的要得到部门负责人同意后方可调休。

2）员工有事请假一天（当月无调休）须向所在班组长提出申请，得到同意后方可休假。请假一天以上必须经部门负责人同意方可休息，并作事假处理。私自休息者作旷工处理。

3）因特殊情况或生病，前一天未请假者，应当天电话请假或事后补假，否则作旷工处理（病假须有医生证明）。

2. 处理办法

1）正常调休不作扣款。

2）事假一天的扣款额以请假人每天工资额为标准计算，以此类推。

3）病假每天扣款按其绩效和岗位工资额计算，满 1 个月扣除全月绩效和岗位工资款项。

4）旷工一天扣除当日全部工资，扣当月全部奖金，并与年终奖金分配挂钩。

5）正式工病假、事假、旷工按有关制度执行。

6）迟到、早退半小时内、两次以上（含两次）扣当月全勤奖。

7）不服从主管、班长安排工作者，第一次将被扣款若干。经教育仍屡次拒绝接受班长安排者，班长有权不予安排工作，并报有关领导处理。

四、餐饮员工应知

1. 餐饮员工小小座右铭（十二点）

微笑多一点，嘴巴甜一点，说话轻一点，脾气小一点，肚量大一点，眼界宽一点，理由少一点，心地好一点，感激深一点，脑筋活一点，做事勤一点，效率高一点。

2. 餐饮员工服务用语（八条）

1）所有员工接到电话要求回应："您好""请讲"。

2）对待客人要求应回答："请稍等""尽量满足您的要求"。

3）见到客人时说："您好"。

4）检查包厢或维修时要说："请问房间里有人吗？请开一下门"。

5）对客人的帮助应表示感谢："谢谢""谢谢配合"。

6）征求客人意见时应说："请提宝贵意见"。

7）客人离开时应说："欢迎下次再来"。

8）客人有疑问时应回答："这事我不太清楚，我可以帮您问一问"。

3. 餐饮员工要知道 5S 管理（见表 7-1）

表 7-1　5S 管理的含义

中文	单词	含义	典型例子
整理	SEIRI	要与不要，一留一弃	倒掉垃圾、长期不用的东西入库
整顿	SEITON	科学布局，取用快捷	30s 内就可找到要找的东西
清扫	SEISO	清除垃圾，美化环境	谁使用谁清洁（管理）
清洁	SEIKETSU	洁净环境，贯彻到底	管理的公开化、透明化
修养	SHITSUKE	形成制度，养成习惯	严守标准、团队精神

4. 餐饮员工要知道 5 常管理法

1）常整理：有"应有与不应有"的区分，把不应有及时清理。

2）常整顿：有"将应有的定位"的意识。

3）常清扫：有"彻底清理干净，不整洁的工作环境是不利于工作的"。

4）常清洁：随时保持清洁，保持做人处事讲原则的态度。

5）常提高：有不断追求完善的习惯。

5. 餐饮员工要知道 6T 现场管理

1）天天处理。

2）天天整合。

3）天天清扫。

4）天天规范。

5）天天检查。

6）天天改进。

6. 餐饮员工要知道什么是5W2H

1）5W：why（为什么要做）；who（谁来做）；what（做什么）；when（什么时候完成）；where（哪里做）。

2）2H：how（怎样做）；how degree（做到什么程度）。

7. 餐饮员工要知道PDCA工作流程

1）P（plan）：计划。

2）D（do）：实施。

3）C（check）：检查。

4）A（action）：处理。

五、餐饮员工岗位考核

1. 安全生产责任指标

学习落实上级安全生产责任制，熟读熟记本单位本行业风险预警机制、流程和危机处理预案，安全责任事故为“0”。

2. 消费满意度指标

社会餐饮服务项目虽然是以营利为目的，但是服务要到位，要做到公开、透明、公平、公正、以数据说话，对服务和技术的水平、质量、价格等满意度指标需有请消费者参与的定期考核测评（指标由各企业制定）。

3. 投诉处置指标

会运用信息化、网络工具。有消费者投诉的，要及时回复，件件落实、即知即改。若再次发生同此情况的有效投诉，当事人将予以调离岗位或解聘。

4. 技术质量指标

需按各餐饮企业每个工种岗位技术等级的指标要求，做好自己本职岗位技术质量的不断提升和创新，积极参与本企业的技术比武、展示或每年的技术考核，做到精一、懂二、会三。

5. 廉洁奉公、节约节能指标

积极参与本企业“节能降耗”的各项工作和指标考核，养成习惯。做好生产中的节水、节电和节气工作。

反对铺张浪费、大手大脚，对使用的原材料提倡勤俭节约，生产所需用的材料和生产出的产品要做到消耗、成本台账笔笔清楚，防止“跑、冒、滴、漏”。

（注：服务、技术考核，各单位需按以上五大指标原则，制定适合各单位给专业实际情况的考核细则。）

模块二　岗位分项规范

厨房中不同的岗位有不同的规范要求。

一、厨师长

1. 岗位概述

严格执行《中华人民共和国食品安全法》；落实安全生产管理和熟知餐饮场所 6T 现场管理的知识；熟悉食品加工生产各环节流程，能够根据季节变化不断开发新品种，并有效组织与协调厨房内部工作，用料得当，加强成本控制，保质保量完成出餐任务。

2. 岗位要求

1）资格证书：具有高级技能等级证书或相关专业的专科以上学历。

2）工作经验：五年以上餐饮管理或企业餐饮工作经验。

3）其他要求：身体健康、吃苦耐劳，有独立完成工作的能力。具有较强的组织协调能力，能根据季节变化定期变化菜肴品种；能够适应餐饮企业厨房的工作时间，服从上级安排。

3. 岗位职责

1）协助餐厅经理全面负责厨房的工作（食品安全、消防安全、生产安全等）。

2）不断摸索餐饮企业服务规律，随时掌握市场信息，加强成本核算。

3）负责制定供应菜谱并根据季节变化不断翻新菜肴品种。

4）根据餐厅营业状况，合理订购每日原材料。

5）对工作质量不达标或违反操作程序操作的员工进行及时监督与指导。

6）抓好食品卫生工作，把握食品卫生各个环节，确保食品卫生，防止食物中毒。

7）协助餐厅经理搞好餐饮企业供应保障工作，经常听取消费者反馈的意见和要求，及时整改。

8）协助餐厅经理制定大型供餐任务的方案与策划工作。

9）能通过有效的沟通，指挥和调配人员工作，提高餐厅满意度。

10）完成上级领导交办的其他工作。

二、厨师带班长

1. 岗位概述

严格执行《中华人民共和国食品安全法》；基本掌握 ISO9001、安全生产管理和 6T 现场管理的知识；基本掌握食品加工生产各环节流程。配合厨师长根据季节变化不断开发创新新品种。配合厨师长协调与指挥厨师班组内部工作。掌握成本控制，保质保量完成供餐任务。

2. 岗位要求

1）资格证书：具有高级技能等级证书或相关专业的专科以上学历。

2）工作经验：三年以上餐饮管理或大型餐饮企业餐饮工作经验。

3）其他要求：身体健康、吃苦耐劳，有独立完成工作的能力。

4）具有较强的组织协调能力，配合厨师长根据季节变化变化菜肴品种。

5）能够适应餐饮企业的工作时间，服从上级安排。

3. 岗位职责

1）协助厨师长全面负责厨师班组的工作（食品安全、消防安全、设施设备操作安全）；

在厨师长休息时代理厨师长全面负责厨房内工作。

2）配合厨师长根据季节变化不断开发创新品种。

3）根据餐厅营业状况，向厨师长汇报用料情况，提出次日订购原材料的合理建议。

4）根据餐厅日常工作情况，向厨师长汇报人员调配情况的合理建议。

5）配合厨师长对工作质量不达标或违反操作程序操作的员工进行及时监督与指导。

6）基本掌握食品加工生产各个环节流程，确保食品保质保量，防止食物中毒。

7）协助厨师长做好餐饮企业餐饮供应保障工作，经常听取消费者反馈的意见和要求，及时整改。

8）协助厨师长做好餐饮企业供餐工作。

9）做好上传下达，加强厨师班组内部沟通工作，提高餐厅满意度。

10）每次供餐结束后，组织厨师班组员工清扫现场，擦净设备，做好“落手清”工作。

11）完成上级领导交办的其他工作。

三、切配班长

1. 岗位概述

严格执行《中华人民共和国食品安全法》；落实安全生产管理，熟知餐饮企业6T现场管理的知识；负责完成加工切配工作以及切配班组的管理工作，保持切配间清洁卫生，保质保量完成供餐任务。

2. 岗位要求

1）资格证书：具有中级或以上技能证书者优先。

2）工作经验；从事餐饮工作三年以上或有大型餐饮企业餐饮工作经验；熟悉加工切配工作流程，并能按规范操作。

3）其他要求：身体健康、吃苦耐劳，有独立完成工作的能力。具有较强的组织协调能力，具有一定的管理能力。能够适应餐饮企业的工作时间，服从上级安排。

3. 岗位职责

1）协助厨师长全面负责切配班组的工作，做好切配班组的日常管理工作。

2）根据每日菜谱要求，做好切配前检查工作。

3）根据厨师长的加工要求，向切配班组传达加工要求，并能根据菜肴制作要求合理加工切配。

4）根据切配的原材料进行分台、分工具、分容器，做好原料切配工作。

5）负责监督班组内工用具、容器的清洗、消毒工作，以及刀具的管理工作。

6）对切配质量不达标或违反操作程序操作的员工进行及时监督与指导。

7）抓好切配卫生工作，把握食品卫生各个环节，防止食物中毒。

8）协助厨师长搞好厨房生产保障工作，经常听取消费者反馈的意见和要求，及时整改。

9）能通过有效的沟通，指挥和调配切配组人员工作，提高餐厅满意度。

10）完成上级交办的其他工作。

四、厨师

1. 岗位概述

严格执行《中华人民共和国食品安全法》；落实安全生产管理和6T现场管理知识；基本了解、熟悉食品加工生产各环节流程；配合厨师长、厨师班长定期开展菜肴创新开发工作，用料得当，加强成本控制，保质保量完成供餐任务。

2. 岗位要求

1）资格证书：具有初级、中级或以上技能等级证书。

2）工作经验：一年以上餐饮企业工作经验。

3）其他要求：身体健康、吃苦耐劳，有独立完成工作的能力。配合厨师班长根据季节变化定期变化菜肴品种。能够适应餐饮企业的工作时间，服从上级安排。

3. 岗位职责

1）根据每日菜谱，按照厨师长、厨师班长要求，对菜肴进行加工、烹饪。

2）烹饪菜肴时，应该将生、熟原料分开摆放，成品与半成品分开摆放，防止交叉感染，不能叠盆摆放。

3）发现腐烂变质的原料严禁下锅烹调，并及时向餐厅经理、厨师长、厨师班长汇报。

4）菜品出售前需经过餐厅经理、厨师长、厨师班长三方检查是否变质，变质的菜肴要及时废弃处理，并做好处理记录，未变质菜肴必须回锅烧熟煮透后方可出售。

5）烹调时注意菜肴色、香、味、形，咸淡适中；严格注意烹调卫生，烧熟煮透，防止食物中毒。

6）烹调过程中，及时清洗灶台；烹调工作完成后，应将灶台、地面、工具清洗干净，各种未使用完的原材料以及配料及时放入冰箱或回笼间。

7）各种盛具必须清洗消毒后方可使用；烹饪好菜肴必须放入熟制品盛具中。

8）加强防火意识，油下锅后不离开灶台；下班后及时关电、关水、关煤气阀，做好“落手清”工作。

9）完成领导交办的其他工作。

五、切配厨工

1. 岗位概述

严格执行《中华人民共和国食品安全法》；落实安全生产管理和熟知餐饮企业6T现场管理的知识；负责做好加工切配工作，配合切配班长做好班组内部管理工作，保质保量完成供餐任务。

2. 岗位要求

1）资格证书：具有初级或以上技能证书者优先。

2）工作经验：有餐饮企业餐饮工作经验。

3）其他要求：身体健康、吃苦耐劳；具有团队协作意识；能够适应餐饮企业的工作时间，服从上级安排。

3. 岗位职责

1）协助切配班长做好切配班组的各项工作。

2）按照菜谱要求，依照食品切配工作流程，完成菜品切配工作。

3）根据每日菜谱要求，做好原材料检查工作。

4）根据切配的原材料进行分台、分工具、分容器做好原料切配工作。

5）负责监督班组内工用具、容器的清洗、消毒工作，以及刀具的管理工作。

6）抓好切配卫生工作，把握食品卫生各个环节，防止食物中毒。

7）完成上级交办的其他工作。

模块三　常见问题处理

1. 投诉处理

1）菜肴中虫、异物的投诉。接到投诉后，应立即撤下所投诉的菜肴，情况严重时对剩下的该批次菜肴全部停止出售，保留该物体在菜肴中的状况；要求加工操作人员检查当日的操作流程，确认是否有混入该物品体的可能性，通过追溯，确认该物体的来源。

① 如果判断是来自原料的，立即向中心采购部通报事件的全部情况，必要时请采购部的人员到场。

② 如果是在食品加工过程中混入的，必须当日对全体人员进行食品安全加工再教育，与全体人员一起进行整个加工流程的再检讨，使人人明白发生的原因，知晓防止的对策与措施。

2）发生出售已经变质食物的投诉。接到投诉后，应立即停售并撤下该批次的所有成品食品。

① 是否是食品原料的问题，如果判断是食品原料问题，立即向中心的采购部通报，并立即封存所有的该批次的食品，必要时通知原料供应商的人员到场一起销毁该批次的全部原料。

② 如果是由于在库管理的失误引起的，追究相关人员的责任，并对当事人员进行相关培训。

3）环境卫生状况的投诉。立即要求餐饮企业的卫生保洁人员，对所投诉区域进行清扫和保洁；要求当日全体人员进行彻底的清扫和整理整顿。

4）菜肴口味（如太咸、太辣等）的投诉。对厨师进行批评教育，不断加强对厨师的技术培训，并要求厨师出菜前先品尝，味道合格后再出菜。

5）餐饮企业乱收费的投诉。所有菜肴必须一律按公示价格出售，切实做到明码标价；充分利用刷卡机的加总计算功能，提高员工菜价计算的准确度，避免打卡时出现错误；加强对员工的教育和培训，提高窗口工作人员的服务意识，改善服务态度，耐心细致地回答顾客提出的问题。

6）服务态度差的投诉。对被投诉的工作人员进行批评、教育，情节严重者给予警告处分或经济处罚。

7）菜肴份量不够的投诉。对餐饮企业相关工作人员进行批评、教育，并加强培训和管理。

8）等候排队过长的投诉。对工作流程进行调整，对员工进行培训以提高工作效率，更好地满足消费者的需求。

9）餐厅地太滑导致摔倒的投诉。在第一时间将受伤的顾客送往医院进行检查、治疗，受伤情况严重者，通知其家属，并由餐厅企业承担医药费；对餐厅的保洁员进行批评、教育，保留追究其责任的相关权利；对所有保洁员进行培训，强调在进行地面保洁工作时一定要放置“小心地滑”警示牌等。

2. 常见问题

1）烹饪好的菜肴，如何品尝菜肴口味是否合适？厨师尝味，应单独使用餐具，即将少量菜肴盛入碗中进行品尝，而不应用盛、炒菜的勺进行品尝。

2）烹饪块状菜肴时，如何保证菜肴烧熟、煮透？烹饪块状菜肴时，要用中心温度计测量其中心温度是否达到75℃，确保菜肴烧熟煮透。

3）厨师长在开领料单时应该注意的问题。开领料单要结合实际当天供餐情况，如有特殊供餐任务，要结合每周菜谱的需要，及时与厨师们沟通所需原材料。

4）哪些熟食品再次利用时应充分加热？《餐饮服务食品安全操作规范》规定，温度高于10℃、低于60℃条件下放置2小时以上的熟食品，再次利用时应充分加热；加热前应确认食品未变质。

5）哪些病症在晨检中不得上岗或立即离开工作岗位？厨房工作人员在出现咳嗽、腹泻、发热、呕吐、手指伤口化脓等有碍于食品卫生的疾病时，应立即离开工作岗位，待查明病因、排除有碍食品卫生的病症或治愈后方可重新上岗。

6）蔬菜清洗后如何摆放？蔬菜清洗后要放入净菜筐中，净菜筐要放在装有接水盘的专用货架上待用。

7）使用食品添加剂时要注意哪些问题？食品添加剂在使用时要注意“五专”制度，即专人采购、专人保管、专人领用、专人登记、专柜保存。

8）预防豆浆食物中毒的正确做法是什么？烧煮时将上涌泡沫除净，煮沸后再以文火维持沸腾5分钟左右。

9）在使用面点相关机械设备时，要注意哪些问题？指定专人负责相关机械设备；在使用机械设备时，必须经过专业的操作培训方可使用；在使用过程中，严格按照设施设备流程安全操作。

10）备餐工用具应多长时间清洗消毒一次？备餐工用具应每4小时清洗消毒一次。

11）剩饭菜处理应该做好哪些工作？剩饭菜处理时，要及时贴上日期标签及时放入专用冰箱冷藏，如有绿叶菜直接做废弃处理。剩饭菜记录时要与实际留存的剩饭菜相匹配。

12）出售员在进入二次更衣时，要注意哪些问题？二次更衣后，不能走出供应间，如要外出，则要脱掉二次饭单。

13）在出售时，遇到顾客投诉如何处理？面对投诉，诚心以对接受；不管对错，应先道歉；不反驳、不插嘴；了解问题，让客户发泄。如果遇到不能解决的问题，及时找到餐厅经理，让餐厅经理协调处理。

主题八

烹饪课程思政（教育）

烹饪基础知识和基本技能的课程，虽然都是专业课程，但是都与思想政治教育紧密联系在一起。烹饪职业的内涵实际上就是一个爱国主义教育、大国工匠精神培养、团结合作力量形成、吃苦耐劳品质养成的过程。

模块一　爱国主义教育

爱国主义是中华民族的优良传统，是中华民族生生不息，自立于世界民族之林的强大精神动力。实现中华民族伟大复兴的中国梦必须弘扬中国精神，这就是以爱国主义为核心的民族精神，以改革创新为核心的时代精神。在烹饪职业素养和烹饪职业指导中，继承爱国主义传统，弘扬中国精神，做一个忠诚的爱国者，是对烹饪专业学生的基本要求。

了解中国饮食文化的博大精深，熟悉祖国饮食文化悠久的历史；了解中国餐饮文化的伟大，热爱祖国的饮食文化，身为中国人而自豪；从现在做起，为祖国烹饪事业的传承而努力学习。

一、悠久的中国饮食文化

中国中国饮食文化丰富多彩，她是中华民族文化中一株绚丽多姿的奇葩。中国饮食文化是中华民族在长期的饮食产品的生产与消费实践过程中，所创造并积累的物质财富和精神财富的总和。她是涉及自然科学、社会科学及哲学等多个范畴的学科，其内容包括饮食的历史、饮食的思想、饮食的生产、饮食生活、饮食行为、饮食现象、饮食风俗习惯等所有人类的饮食活动。作为未来从事旅游、烹饪等饮食工作的职业院校的学生，熟悉和了解中国饮食文化知识，感受中国饮食文化的魅力，加深对中国饮食文化的理解。培养高尚的饮食审美情趣，可以使自己更加热爱所学专业，为传承和发扬中国饮食文化作出努力。

二、中国饮食文化博大精深

中国饮食文化博大精深，饮食之考究、烹调技术之高超，早已闻名世界。千百年来，饮食文化和烹调技术不断演进提高，是文明古国灿烂文化的组成部分。

我国的饮食文化以其历史悠久、一脉相承、绵延不断，历代都有所发展、创新，兼收并蓄国内外各民族的饮食文化熔冶于一炉；以其自成体系、丰富多彩和具有独特的民族风格著称于世；在长达四五千年的历史长河中，汇聚许多细流所形成的巨流。我国的饮食文化是我国文化史的重要组成部分，也是世界文化史的重要组成部分，以我国为代表的东方饮食文化和以欧美为代表的西方饮食文化，是当今世界上并存着的既互相颉颃又互相渗透的两大体系。

模块二　大国工匠精神培养

工匠精神，是指工匠对自己的产品精雕细琢、精益求精，追求完美的精神理念。工匠们喜欢不断雕琢自己的产品，不断改善自己的工艺，享受着产品在双手中升华的过程。

工匠精神的核心是一种精神、一种信念或者说是一种情怀，是把一件工作、一项事情、一门手艺当作一种信仰，一丝不苟地把它做到极致，做到别人无可替代。

淮杨菜烹饪大师薛泉生，在继承中创新，在创新中继承，奉献了不少烹饪作品。在1985年全国烹饪大赛中一人夺得9块奖牌，成为全国十大厨星之一，体现的正是我们当下倡导的大国工匠精神。

【案例】

淮扬菜泰斗薛泉生

- 中国十佳烹饪大师，入选中国名厨“名人堂”
- 江苏省级非物质文化遗产扬州三把刀（淮扬菜）传承人
- 曾获全国烹饪大赛三项全能奖、中国烹饪大师金爵奖等

1. 辍学入行学厨，只为吃一口饱饭

薛泉生，生于1946年1月18日，扬州教场西营34号就是他出生的地方。

当时社会物资匮乏，“食”还不能满足人们生活的基本需求。在薛泉生的记忆中，家里从来没吃过刚上市的新鲜菜。“都是些快过季的老韭菜、老白菜。唯一能吃到的荤菜也是卖肉的父亲肉案子上剩下的骨头，用来熬汤喝。”

吃一口饱饭，成为他辍学拿起厨刀的直接动力。“那一年我十四岁，在扬州民办一中念书。我的成绩算得上优异，尤其是数学和珠算，几乎都考满分。我的英语也极好，老师提问我总能对答如流。”即便这样，因为家里穷，薛泉生最终只能放弃学业。

遇不到淮扬菜烹饪界泰斗丁万谷，或许也不会有今天的薛泉生。在烹饪界，有一样法则，就是功夫不负有心人。在烹饪学校里学厨的那三年，薛泉生一心扑在砧板上，对厨艺的钻研近乎痴迷，学校里稍有点技艺的前辈，都成了薛泉生的“师傅”。勤奋的薛泉生得到了丁万谷的关注，对于一些做菜的诀窍，丁师傅开始有意“私授技艺”。

“我当年其实很害怕丁师傅，因为他对我太严厉，我不敢拜他为师。”薛泉生说，他一度想拜李汉文为师，因为李师傅更加和气。然而，当薛泉生向李汉文开口时，李汉文却笑着说：“你不用拜我为师，有人已经想收你为徒啦！”这时，薛泉生才明白，那个总对自己挑三拣四的丁师傅，原来一直在“考验”自己。

1961年，薛泉生向丁万谷叩献了拜师茶，成为淮扬菜一代宗师的关门弟子。

2. 抓住时代机遇，推动淮扬菜传承创新

餐饮行业的飞速发展，让贫苦出身的薛泉生更加珍惜来之不易的机遇。最好的功夫不在一招一式，而是一心一意。凭借自己日益精进的技艺与蓬勃迸发的创新力，薛泉生苦学近20年，终成有口皆碑的淮扬菜大师。

在薛泉生的从厨生涯中，摘得了不计其数的金牌和第一。“1988 年在全国比赛中，我摘下了包括冷菜、热菜和点心在内的‘三项全能’，全国得牌数也是第一名。”回忆起当年的荣誉，薛泉生内心感慨：“是改革开放的伟大时代，让淮扬菜能有更多机会走出去交流、学习，发扬光大。”此后，他屡次率团出国表演“大江南北宴”“乾隆宴”“红楼宴”等，在当地引起极大轰动。他也被评为“中国十佳烹饪大师”，出任中国烹饪国际评委，并入选了中国名厨“名人堂”。

在成绩和荣誉面前，薛泉生仍不断创新突破、超越自我。在长年的厨师工作与生活中，薛泉生熟知京、川、粤和外国主流风味的特点和消费时尚，将外国菜的款式、调味、原料、烹法及装盘技术等，移植过来与淮扬菜结合，推动淮扬菜的日新月异。其创作的冷盘“玉塔鲜果”将园林建筑风貌移植于冷菜制作，在烹饪界享有盛誉；热菜代表作“翠珠鱼花”“葫芦虾蟹”等倾倒中外宾客。

薛泉生说，淮扬菜在传承、创新的同时，要克服菜系过于追求精细、耗工耗时的缺陷，不断与兄弟菜系切磋交流、共同发展。

3. 走南闯北四处讲学授艺，桃李满天下

“淮扬菜传人越多越好，淮扬菜之乡越多越好。”这是薛泉生曾说过的一句话，他期待着淮扬菜后继有人，期待着淮扬饮食文化的传承与发展。薛泉生从不摆名厨的架子，从不卖关子、留后手，无论是自己的徒弟还是其他年轻厨师，他都毫无保留地把自己的技艺传授给他们。

传授淮扬菜的精髓，展示淮扬菜的广博与精深，薛泉生每年走南闯北四处讲学、授艺，追随他学艺的厨师不计其数。除了 23 位记名弟子外，通过电视函授及课堂教学汲取薛泉生厨艺的学生保守估计已经超过了 43 万人，可谓桃李满天下。一些徒弟已经在海外扎根，成为传播淮扬菜文化的使者。薛泉生还将自己研究的新烹饪方法及菜肴结集出版，《薛泉生烹饪精品集》等书籍已成为淮扬厨师的必修书。他说：“把这些技艺留给年轻的厨师们，传承下去，更好地为社会服务。”

4. 感恩时代 回报时代

“一粒米看世界”，中国改革开放的 40 年，是消费生活巨大变迁的 40 年，从老百姓餐桌上的变化，不难看出改革开放给中国经济社会带来的巨大发展。

从厨六十载的薛泉生，当初拿起厨刀只是为了“有口饭吃”，他或许未想过，有一天他会成长为中国十佳烹饪大师，入选中国名厨“名人堂”。从贫苦到奋斗，从立志到研习，从谋生到担当，从谦卑到平和，烹饪大师薛泉生就是这样练成的。

感恩这个时代，也要努力回报这个时代。正是改革开放让薛泉生的才华和努力绽放异彩，也让淮扬菜进一步惊艳世界。薛泉生向世人展示了博大精深的淮扬菜文化，推动扬州美食走出去、走向世界。他也成为扬州地域文化的一名优秀推广者、代言人。

[资料来源：根据《扬州晚报》（2018 年 6 月 4 日）资料整理]

一、爱好

工匠精神首先体现在对自己从事的工作的热爱。“知之者不为好之者，好之者不如乐之者”。兴趣是最好的老师，“好之”“乐之”，方能不改初衷，一以贯之。那些杰出工匠一辈子甚至一个家族几代人都做一件事，如清代负责宫殿、皇陵修缮的“样式雷”家族，在 200 多年的时间里，传承 8 代，为大清帝国营造了数不清的经典建筑，正是有着这样一种信仰，一种耕耘不辍的愚公精神。

二、创新

一种品格“不敢越雷池一步并不是工匠精神”。淮扬菜大师薛泉生创新不止，他传承了师傅淮杨菜泰斗丁万谷大师的技艺，又在师傅的基础上不断改革创新，他创新的 100 多种冷菜、热菜每道都受消费者的欢迎。只要他创新一道菜出来，其饭店就满客，有慕名前来品尝的，也有前来学艺的。老师和师傅传授的是技法，用技法去创新，这才是学生和徒弟真正的使命。

三、传承

传承是一份责任。传统工匠讲究师徒之间口传心授，随着老一辈工匠离去，后辈一旦跟不上，这门手艺就有失传的危险。

烹饪工艺在过去往往是师傅带徒弟、父亲传儿子，现在大多数是进入烹饪职业院校向老师学习。

当然，让工匠精神渗透到烹饪工作中，培养出更多的大国工匠，不可能一蹴而就，需要一代人观念更新，更需要国家战略、国家意志。如提升职业教育的地位，重视技能型人才培养，提高工匠福利待遇，重点扶持某些行业，使工匠安心在自己的领域里追求技艺、精益求精，并将技术与精神一代代传承下去。

模块三　形成团结协作力量

团结出战斗力，这是亘古不变的真理。懂团结是大智慧，会团结是真本事。厨房生产复杂多变，只有团结共事，才能干好工作，成就事业。

一、团队合作的重要性

1. 团队的力量大于个人

一个团队的力量远大于一个人的力量。团队不仅强调个人的工作成果，更强调团队的整体业绩。厨房生产主要是靠团队来完成的。团队在厨房生产中所依赖的不仅是集体讨论和决策，它同时也强调成员的共同贡献。但是，团队大于各部分之和。大家都知道一根筷子很容易被折断，但把更多的筷子放在一起，想要折断是很困难的事。一桌宴席从冷菜到热菜再到点心、汤菜、水果、主食等，一个人的力量是很难完成的，必须靠团队的力量协作完成。

2. 团队协作的本质是共同奉献

这种共同奉献需要一个切实可行、具有挑战意义且让成员能够为之信服的目标。只有这样，才能激发团队的工作动力和奉献精神，不分彼此，共同奉献。餐饮企业在一个厨房团队里面，只有大家不断地分享自己的优点，不断吸取其他成员的优点，遇到问题都及时交流，才能让厨房团队的力量发挥得淋漓尽致。

3. 团队合作与个人的潜力

当团队的每一个人都坦诚相待，都有一份奉献精神时，取长补短，个人的能力就会得到大大的提升，三人行，必有我师焉。如果大家把团队里面每个人的优点都变为自己的、优点，灵活运用，不仅团队的力量日益强大，自己的能力、潜力也慢慢得到升华。因为在厨房生产中，每个人都不可能是多面手，都有自己的一技之长，只有将每个人的一技之长会汇集到一起，出品才能尽善尽美。

团队协作能激发出团队成员不可思议的潜力，让每个人都能发挥出最强的力量，一加一的结果可以大于二，也就是说，团队工作成果往往能超过成员个人业绩的总和。

4. 团队精神的核心就是协同合作

协同合作是任何一个团队不可或缺的精神，是建立以相互信任基础上的无私奉献，团队成员因此而互补互助。

二、团队合作精神的功能

1. 目标导向功能

团队精神能够使团队成员齐心协力，拧成一股绳，朝着一个目标努力，对团队中的个人来说，团队要达到的目标即是自己必须努力的方向，从而使团队的整体目标分解成各个小目标，在每个队员身上都得到落实。

2. 团结凝聚功能

任何组织群体都需要凝聚力，传统的管理方法是通过组织系统自上而下的行政指令来达成组织目标，这种方法淡化了个人感情和社会心理等方面的需求。团队精神则通过对群体意识的培养，通过队员在长期的实践中形成的习惯、信仰、动机、兴趣等文化心理，来沟通人们的思想，引导人们产生共同的使命感、归属感和认同感，逐渐强化团队精神，产生一种强大的凝聚力。

3. 促进激励功能

团队精神要靠每一个队员自觉地向团队中最优秀的员工看齐，通过队员之间正常的竞争达到实现激励功能的目的。这种激励不是单纯停留在物质的基础上，而是要能得到团队的认可，获得团队中其他队员的认可。

模块四 吃苦耐劳意识培养

一、吃苦耐劳是中华民族的传统美德

俗话说“吃得苦中苦，方为人上人。”这句流传千百年的至理名言告诉人们一个道理，就是吃苦耐劳是成功秘诀。那些能吃苦耐劳的人，很少有不成功的。可以肯定地说，意志坚强、不怕困难、百折不挠、开拓进取是一个人优秀的品质，这种品质要经过艰苦锤炼才能形成，任何时候都不会过时。从人才学的角度看，一个人要成就一番事业，有所建树，历经磨难养成吃苦耐劳的品质是必要的。即使有真才实学，如果不肯吃苦耐劳，也难以保持良好的竞技状态，不仅适应不了激烈的竞争形势，还极容易被困难吓倒，被挫折击垮。

二、吃苦耐劳是烹饪人才的优良品质之一

吃苦耐劳是中华民族的传统美德，也是烹饪人才应具备的优良品质之一。具有吃苦耐劳的精神，是一个人成就事业的基本条件。吃苦耐劳的精神带给餐饮企业的是业绩的提升和利润的增长，带给我们自己的是宝贵的知识、技能、经验，还有财富。人生中任何一种成功都不是唾手可得的，不能吃苦、不肯吃苦，是不可能获得任何成功的。生活中很多时候，有的人看似比别人多吃苦，甚至有点傻，其实最终受益的往往是这些人。有的人偶尔也能吃苦，但一涉及个人利益的时候，便轻易放弃了，殊不知那放弃的往往还有自己非常渴望的机会。

三、餐饮工作就需要吃苦耐劳的品质

一个普通人要过上幸福生活，离不开吃苦耐劳、踏实肯干，一名普通烹饪工作者变成一名优秀的大厨名师，更离不开艰苦朴素的精神、求真务实的作风。生活与工作都需要勤奋、肯吃苦、能吃苦、踏实肯干的精神，生活才会越来越好，工作才会干得顺利。

吃苦耐劳是一个人，尤其是烹饪工作者，所应该具备的基本的优良品质之一。很多成功的大师都是重大任务练出来的，是在厨房辛勤劳作干出来的，是夜以继日磨出来的。厨工入职不久，都是从具体工作做起，工作中难免会有脏活、累活需要我们去面对，如果没有一种吃苦耐劳的作风和无私奉献的精神，就难以胜任，不能长久。

四、吃苦耐劳是获取成功的秘诀

吃苦耐劳是每一位渴望成为大厨、名师，走向成功的人应该具备的基本素质和基本条件。无论从事哪个行业、哪个领域，想要取得好的成绩，吃苦耐劳都是必不可少的。天上不会掉馅饼，一分耕耘一分收获，只有付出艰辛的努力，才会获得成功。烹饪毕业生刚入职要“静心实干”。在当前社会生活节奏较快的背景下，有些人做事没有恒心，喜欢投机取巧，急功近利，总以为只要大量输出自己的才智，而一旦遭遇挫折，就产生一些抱怨，于是干工作只是浮在面上，浑浑噩噩地混日子。因此，在这些现象下，要想真正成熟起来成为成功人士，就必须要有“静心实干”意识，做到胜不骄、败不馁，平衡心态，静下心来，只要吃苦耐劳、忠诚实干、低调谦逊，自然能促进自身不断成长。

厨房工作环境、生活环境都很艰苦，工作量大，情况复杂，烹饪人员只有能吃苦、吃得起苦，才能得到锻炼，才能历练品质、锤炼作风、增长技能，快速成长。烹饪工作很大部分是操作活，因此苦活儿、脏活儿、累活儿多，加班加点成为了一种常态。所以，对烹饪工作者来说，能否耐得住寂寞、守得住清贫，意义尤其重要。对此，烹饪工作者应端正态度，树立“明志苦干”作风，时刻牢记为人民服务的宏伟目标，以从容之心坦然面对和接受工作的压力，发扬一以贯之、久久为功的苦干实干作风，在努力工作中不断充实和完善自己。

吃苦耐劳是中华民族的光荣传统，吃苦耐劳精神永远不能丢。作为一个烹饪工作者更应如此。不仅要把这一宝贵财富永远记在心上，更要将其落实到自己的工作实践中，沉下心来，从一个个平凡的岗位上干起；扎扎实实，从一件件琐碎的小事上做起，不畏艰辛，不辞劳苦，坚持下去，必会大受其益。

参考文献

李国龙．2007．职业道德与职业指导．北京：高等教育出版社．

刘道厚，倪望轩．2011．职业素养与就业指导．北京：科学出版社．

宋专茂．2005．职场心理案例集．广州：暨南大学出版社．

熊洪利．2008．感悟人生．北京：中国知识出版社．

许栋．2020．大学生职业发展与就业指导．北京：科学出版社．

颜军．2007．就业指导简明教材．扬州：扬州市劳动就业管理处．